油气田勘探开发与油气储运

段　野　张　伟　张宏忠　著

汕头大学出版社

图书在版编目（CIP）数据

油气田勘探开发与油气储运 / 段野，张伟，张宏忠
著． -- 汕头：汕头大学出版社，2024．10． -- ISBN
978-7-5658-5444-6

Ⅰ．P618.130.8；TE3；TE8

中国国家版本馆 CIP 数据核字第 2024P6L134 号

油气田勘探开发与油气储运
YOUQITIAN KANTAN KAIFA YU YOUQI CHUYUN

作　　者：段　野　张　伟　张宏忠
责任编辑：郑舜钦
责任技编：黄东生
封面设计：刘梦杳
出版发行：汕头大学出版社
　　　　　广东省汕头市大学路 243 号汕头大学校园内　邮政编码：515063
电　　话：0754-82904613
印　　刷：廊坊市海涛印刷有限公司
开　　本：710mm×1000mm　1/16
印　　张：10.25
字　　数：175 千字
版　　次：2024 年 10 月第 1 版
印　　次：2025 年 1 月第 1 次印刷
定　　价：52.00 元
ISBN 978-7-5658-5444-6

前　言

  油气勘探是石油天然气工业最重要的生产活动和"龙头"环节，它决定了石油天然气工业生存发展的油气资源基础。油气勘探工程是依据油气成藏机理和油气分布规律，应用地球化学、地球物理学、地球微生物学等学科知识，利用相关的物探、钻井、测井、试油等工程技术来发现和探明地下油气资源。由于油气成藏要素的多样性以及油气藏形成分布的复杂性，油气勘探成为一项区域性强、风险性高、探索性大的地质工程活动。同时，油气勘探工程也是随着油气勘探目标的变化和技术进步不断发展的。近几十年，全球石油工业上游进入新的发展期，非常规油气、深水油气及陆上深层油气成为勘探开发的重点领域和主要油气产量增长领域。中国陆上深层油气勘探在塔里木盆地、准噶尔盆地和四川盆地获得重大突破，勘探进展揭示了陆上深层的巨大油气潜力，也揭示了深层油气新理论与技术的挑战，包括深层油气成藏机理、油气富集规律和深层钻井、地震技术，对油气勘探工程提出了新的挑战与发展方向。

  油气勘探所追求的目标是快速、高效、经济地发现和探明油气田。它要求在最短时间、花费最小成本完成勘探任务并发现最多油气储量，同时保护好环境并做到安全生产。在勘探过程中，以油气地质理论为指导，遵循科学的勘探程序，采用合适的技术组合，实施科学的评价方法，从而实现油气勘探效益最大化。

  油气储运环节包括矿场油气集输及油气产品储存和运输，是联系生产、加工、分配、销售等各个环节的纽带。安全是油气储运系统正常运行的前提和基础，而油气介质为碳氢化合物，具有易燃、易爆特性，由于腐蚀、误操作以及第三方破坏等原因，极易造成油气储运系统的跑、冒、滴、漏，甚至发生中毒、火灾、爆炸等恶性事故。

　　本书围绕"油气田勘探开发与油气储运"这一主题，以油气勘探地质理论为切入点，由浅入深地阐述含油气盆地、含油气区带、油气藏圈闭、成藏组合等，分析了各类油气勘探技术方法，诠释了油气田开发、油气储运工程安全设计与管理技术、长距离下的石油管道运输等内容，以期为读者理解和践行油气田勘探开发与油气储运提供经验。本书内容翔实、条理清晰、逻辑合理，兼具理论性与实践性，适用于从事相关工作与研究的专业人员。

　　由于作者水平有限，书中难免存在缺点和不妥之处，欢迎读者批评指正。

目　　录

第一章　油气勘探地质理论

第一节　含油气盆地

一、概述

沉积盆地是充填有沉积岩的凹陷，沉积岩存在是盆地存在的证据。一个含油气系统的所有要素和作用都存在于盆地中，并受到盆地的控制。油气的存在是一个含油气盆地存在的证据。含油气盆地是油气形成和分布的空间，也是油气勘探的对象，从勘探早期到勘探晚期，盆地的研究内容将会发生变化。一个盆地可以由一个或多个含油气系统组成。盆地的类型、发育史和地质结构控制了含油气系统的形成和分布，从而控制了大油气田的形成和分布。

（一）盆地类型控制大油气田的形成和分布

根据 Bally 和 Snelson 的盆地分类，大油气田主要分布在"A 型"前渊内，共发现 211 个大油气田，占全部大油气田数的 41% 以上。211 个大油气田拥有 $760 \times 10^8 t$ 原始石油可采储量和 $2.97 \times 10^{13} m^3$ 天然气可采储量，分别占大油气田总储量的 64% 和 32%。这些大油气田主要分布在阿拉伯地台、加拿大的艾伯塔、美国的阿拉斯加北坡和二叠盆地，以及委内瑞拉和苏联的几个油气区。

其次是克拉通盆地，共发现 115 个大油气田，占大油气田总数的 22.6%，原始石油和天然气可采储量分别为 $138 \times 10^8 t$ 和 $4.45 \times 10^{12} m^3$。这些大油气田主要分布在北海和西西伯利亚盆地。大西洋型边缘盆地拥有 78 个大油气田，这些大油气田主要分布在尼日尔三角洲、美国的海湾海岸和墨西哥的坎佩切州。

(二)盆地构造——沉积旋回控制了不同层系油气藏类型和规模

世界上的盆地发育历史千差万别，有的盆地发育时间很长，形成了多套构造——沉积旋回，在不同的旋回里发育不同的沉积体和油气藏类型。如在中国的渤海湾、鄂尔多斯、四川盆地和塔里木盆地，发育古生界海相和海陆交互相地层，中-新生界发育陆相地层，形成的油气藏规模和数量差别较大，如在四川盆地，古生界发育大量气藏，侏罗系发育陆相小型油气田。有的盆地发育时间很短，却沉积了一套巨厚的沉积物，形成了丰富的油气资源，如松辽盆地，主要在白垩纪发育，形成了大庆油田等一批大中型油气藏。

二、含油气盆地形成和演化的动力系统

沉积盆地作为地壳结构的一部分，和统称克拉通的地盾和地台、造山带、大洋盆地以及与它们相互连接的大小次级构造单位，都是地球运动的产物。沉积盆地本身，除与地球运动有联系外，当其发育成为含油气盆地时，则又生成和发育了和地球动力系统相对独立的成盆、成烃和成藏动力系统。为此，沉积盆地和含油气盆地的形成和演化自应与两个动力系统有关，即地球动力系统和盆地动力系统。

(一)地球动力系统

1. 地球动力系统的内外划分

地球是一个运动着的球体。它所拥有的动力系统由两部分组成：外动力系统和内动力系统。外动力系统指地壳外部水圈、气圈和生物圈在太阳辐射能、重力能和日月引力等的影响下，所产生的动力对地球表层的作用，如风化、剥蚀、搬运和沉积等。如没有内动力系统作用的干扰，其作用的理论结果将是地球表面被夷为平地，使地球变成一个表面平坦的球体。内动力系统指一切源自地球内部的动力作用，如由地球自转、重力分异和放射性元素蜕变产生的热力等对地球内部和外部的作用，如内部的圈层分异、岩浆侵位、火山活动、矿产形成和外部的地壳以至岩石圈构造变形等。其作用的结果一方面是相互协调，使地球内部物质组成趋于有序排列和分布，如圈层界面作

同心球状的展布和圈层物质在垂向上的重力分异；另一方面则是彼此制约，破坏或抑制地球内部状态的有序发展和平衡，如地幔或软流圈活动对岩石圈结构和组成的破坏。所谓地球动力系统，就是由这种内、外动力之间以及各自内部动力之间既统一而又对立的运动构成，并由此赋予了地球生息不止的生命之力。

2. 地球内动力作用的表现形式

地球内动力作用的表现形式多种多样，但从与沉积盆地形成和发育的密切关系而言，主要表现在两个方面：板块构造和地球均衡作用。

3. 软流圈物质运动是地球上部进行均衡调整的直接动力

软流圈是地球各圈层中最外一层内部物质有较大塑性或流动性的圈层。在地球上部，软流圈使自己成为理想球面的能力比它外面的刚性岩石圈具有更大的可能性和潜在力。因而，在地球均衡作用的总背景下，它是地球上部进行均衡调整的一个直接动力。在此动力支配下，软流圈顶面被上覆较重岩石圈向下压为凹陷的部分，其上部也将是突出地表最高的，即山脉或高原。相反，因上覆岩石圈局部较轻，软流圈相对向上突起的部分亦将较低，软流圈顶面也将向上升起。但是，从地球的瞬间均衡角度看，除软流圈内部物质密度的改变外，其顶面形态的任何改变都须依靠岩石圈物质的再分配，如山脉被侵蚀削低，削蚀产物在地壳另一地段堆积，软流圈顶面即因之而上升或下降，以补偿岩石圈失去或增加的重量负荷，使其达到新的均衡。因此可以认为，软流圈顶面就是地球上部均衡作用的调整面，故称其为均衡调整面。

关于软流圈顶面，即均衡调整面的形态由于测量手段不足，目前只能从理论上加以推测。根据已有较多的莫霍面形态资料表明，在岩石圈的大范围内，以至在很小的局部地区，莫霍面也普遍与地表形态呈镜像反映关系。这种关系给人们的印象好像莫霍面就是均衡调整面。它服从于艾利模型，在地壳密度不变的情况下依赖于地壳的厚度的变化。但实际上因为有效的均衡调整作用系发生在软流圈与岩石圈之间，在地球均衡过程中，岩石圈是作为一个整体参与这一运动的。莫霍面之所以表现出与地表形态有镜像反映关系，是因为它在地球均衡过程中采取了与均衡调整面步调相同的变化。所以正确的认识是：莫霍面的形态在一定程度上是均衡调整面形态的反映。这也就是沉积盆地是否已经发展到含油气盆地的标志。

4.沉积盆地进入含油气盆地发展阶段的标志

沉积盆地一词是人们对地球表面被沉积物填塞的洼地的最普通称呼。当它发育成为含油气盆地时，二者之间虽有一个先后顺序，但并无一个明确界限。之前，笔者在讨论沉积盆地成因与地球的均衡作用时，曾提出了一个盆地成熟度的问题。所谓盆地成熟度，是指沉积盆地的重力负载是否已经打破了岩石圈的支撑，将该负载加到了软流圈之上，并引发了所在地区的均衡作用。打破支撑，进入均衡系统发展的沉积盆地即为成熟盆地。

无论何种盆地，其中的沉积物和水体负载要达到地球非要对它进行均衡调整不可的程度，这种负载就一定要打破岩石圈对它的支撑。打破这种支撑要有一个过程，它大体取决于岩石圈本身的强度、沉积物堆积的速度和水体的深度。在打破这种支撑以前，由于盆地初形成时地貌反差强度较大，沉积物堆积的速度也大，但如没有其他构造因素促进，岩石圈变形比较缓慢。在岩石圈沉降速度小于沉积补偿速度的情况下，沉积物可能出现上垒现象，并以粗碎屑为主。这时的盆地是不成熟的。

盆地未成熟阶段，岩石圈的变形从上向下减弱，但随着沉积负载的增加而逐渐向深处发展。岩石圈变形的状态，上部以坳曲为主，向下逐渐变为以塑性流动（蠕变）为主，并因物质向旁侧流动从而导致岩石圈减薄。这时莫霍面的形态可能与盆地的基底形态一致。

成熟的盆地，由于处于均衡作用的支配之下，所以在其发育历史中应出现稳定的均匀下沉环境，也就是沉积补偿速度大体与盆地沉降速度趋于一致。从这个意义上讲，受构造控制的盆地在未打破岩石圈对其负载的支撑以前，由于外力加于它的下沉速度可以等于或大于沉积补偿速度，所以也可在未进入受均衡作用支配以前提早达到成熟阶段。

(二) 盆地动力系统

沉积盆地的形成和演化是地球动力作用的一种结果。同时，当沉积盆地向着含油气盆地方向发展时，则又有它的另一方动力作用的形成——盆地动力系统。

盆地动力系统由三个子系统组成：成盆动力子系统、成烃动力子系统和成藏动力子系统。

1.成盆动力子系统

在地球动力系统中，沉积盆地的形成是地球内、外两种地球动力系统共同和相互作用的结果。然而就沉积盆地本身的形成而言，它首先要求在地壳表面须有一个作为它形成之基础的原始凹陷；其次，凹陷周围须有长久保持上升状态的剥蚀源地（山体或高地）；第三，这个凹陷在接受沉积物填充过程中须保持长久的沉降状态。这三个有特定要求的条件，或称盆地形成三要素，乃是一种互有联系的有机组合，即成盆动力组合。

驱动以成盆三要素为核心的盆地动力系统，归根结底还是受地球均衡作用的控制。虽然无论从地壳均衡还是从岩石圈均衡均可看到以均衡调整面为中轴的镜像反映，但地球的圈层分异和各圈层都力求达到理想球体的趋向是无可争议的。

不过在当前的岩石圈结构和板块运动中，比较强烈的地球均衡作用现象还主要表现在大陆边缘和板块边缘。由于那里的变形强度和幅度较大，不仅易于形成原始凹陷，而且易于形成盆地提供物质来源的山地或隆起。这样，在新生隆起或山地以较快的速度上升过程中，便不断有大量剥蚀产物被河流搬入原始凹陷，并启动和调整那里的不均衡现象。而在广阔的大陆或板块内部，因为那里一般是由古老岩石组成的克拉通，刚性强度较大，地面起伏较小，除特定情况下，如在那里事先有裂谷发育或者地下深处有地幔物质侵位，使那里的厚度或密度增大，才会导致沉积盆地的形成和发育。沉积盆地形成的机制虽然有多种多样，但几乎都是由地壳或岩石圈减薄或增厚和壳下以至软流圈高密度物质侵位、使那里的密度局部增大引起的均衡调整造成的。

一个盆地的成盆动力组合将主宰着这个盆地的演化过程。在盆地演化中，随着周围地质构造条件和沉积环境的变迁，成盆动力组合中的三要素，无论是原始凹陷的几何形态，还是沉降作用强度或周围山体或高地上升速度的变化，都将随时改变着盆地沉降和沉积速度的对比关系以及盆地演化的路径。此种改变将被记录在沉积物的性质、厚度、结构样式和构造变形以及深部地壳或岩石圈的物理-化学变化等方面之中。因此，解读和识别这些方面的记录和印记将有可能恢复沉积盆地形成和演化的过程。

2. 成烃动力子系统

根据当前对有机质埋深和向油气的转化过程研究的进展，成烃动力子系统大致要经历三个阶段：生物化学成岩作用阶段、深成热解作用阶段和深成热变作用阶段。

（1）生物化学成岩作用阶段。本阶段实现有机质向干酪根的转化。其动力作用主要发生在水体与泥质沉积物的界面以下，以至数百米深的低温带中（温度小于 $60 \sim 70℃$）。在此之前，生物化学作用已经开始，死亡的生物有机质已经过其在水体中沉降时的氧化和分解。沉积之后，由于逐渐与水体的氧气隔绝，携带有机质的泥质沉积被快速压实成岩和大量地层水被排出。剩余孔隙水中的氧，部分被与其并存的喜氧细菌和部分有机质的还原作用所消耗，逐渐进入了缺氧的还原环境。在此情况下，其中的有机质则生成了两部分烃类物质：一部分是气态的甲烷，另一部分是高分子烃类。后者随着埋深和温度的增加，除一小部分转化成了可溶有机质外，其余大部分则转化成了缩聚程度很高、分子量较大的不溶于有机溶剂的干酪根，即生成油气的主要母质。

（2）深成热解作用阶段。本阶段是在盆地继续沉降、干酪根埋藏加深、压力和温度持续升高情况下开始的。那时的压实作用行将结束，温度大致处于 $65 \sim 150℃$ 的范围，干酪根和其他未纳入干酪根的组分此时则因热力作用而发生降解。首先是杂原子键，接着是 C—C 键断裂，从而生成分子量比干酪根小而可溶于有机溶剂的中间产物，即可溶有机质，最后转化成了低分子气态和液态石油烃类。

（3）深成热变作用阶段。本阶段是在已生成的液态烃继续被埋藏和温度持续增加的情况下发生的。结果使已生成的液态石油裂解，转化而成气态烃，最后直至完全转变为最稳定的产物——甲烷和石墨。实际上，这已开始走上了对前阶段产物液态烃破坏的道路。

3. 成藏动力子系统

成藏动力子系统包括两方面内容：一是营造成藏要素的动力作用，二是使油气在由成藏要素组成的格架中运行的动力作用。前者包括形成烃源岩、输导层（包括储层）、区域盖层和圈闭的动力作用；后者包括油气从源岩中排出的初次运移、在输导层中的二次运移和向圈闭中充注成藏的作用，以及成藏期后，原生油气藏遭受破坏可能导致的三次运移和次生成藏作用。

（1）营造成藏要素的动力作用。成藏要素的形成，除构造圈闭须由构造应力作用外，主要是在地表或近地表发生的沉积作用以及在地下发生的盆地沉降作用。前者包括机械和化学破坏原生岩石的风化作用、风化产物从蚀源地到沉积地的搬运作用、在盆地水介质中的沉积作用，沉积物的压实和硬化成岩作用或总称其为环境动力作用；后者从区域动力活动而言，盆地的持续沉降作用维系着盆地动力系统的物质迁移和循环过程。从成藏要素的形成而言，则因沉降作用与沉积作用之间在发展过程中的彼此消长和环境动力作用的改变，形成了沉积物性质不同的岩石组合，如砂泥岩组合、碳酸盐岩组合和蒸发盐岩组合以及烃源岩与输导层（包括储层）和区域盖层在不同组合中的不同结构关系和结构样式。

在成藏要素中，烃源岩一般为含有机物质的泥质岩或碳酸盐岩；输导层（包括储层）则为具有孔隙性和渗透性的砂质岩和碳酸盐岩，而区域盖层则与之相反，为非渗透性的泥质岩和蒸发盐岩，其中包括同时也起盖层作用的烃源岩地层。这些岩石主要形成于近海地区的砂泥岩沉积环境和碳酸盐岩蒸发盐沉积环境以及大陆湖泊环境。

近海沉积环境在横向上处于滨海和深海之间的浅海地区。那里的海陆过渡带也是常出现潟湖、海湾和封闭或半封闭海盆的地方。在向陆一侧，特别是河流三角洲地区，沉积作用主要表现为水动力作用比较强烈、沉降作用显著，同时埋藏也比较迅速；向海一侧，由于离岸较远，处于缺少粗碎屑物质的低能量环境，易于形成碳酸盐岩、泥质灰岩和泥岩。这里水体安静、阳光充足、养料丰富，特别适于生物大量繁殖，而且死亡后不需经过长途搬运招致破坏，所以是形成烃源岩的良好场所。而在同样低能量的潟湖等与大洋连通不畅的环境中，也利于有机质繁衍，特别是蒸发盐岩十分发育，易于形成高效能的区域盖层。

近海沉积环境在纵向上由于构造和沉积环境多有变迁，海进和海退作用时有发生，所以不同沉积环境的沉积物常相互叠置，构成复杂的成藏要素组合关系。

大陆湖泊环境成藏要素形成的动力作用和浅海或潟湖等封闭或半封闭环境没有本质的区别，依然受着盆地沉降和沉积作用的控制。湖泊环境除发育湖相砂泥岩沉积外，河流和三角洲沉积比较盛行。由于滨浅湖地区水动力作用比较强烈，所以烃源岩主要形成于半深湖和深湖环境，而且以暗色泥质岩为主。湖泊沉积的席状砂岩、透镜状砂体以及三角洲和河道砂体常构成输导层和储层。区域盖层也以泥质岩为主，有时有蒸发盐岩。

（2）油气在成藏要素格架中运行的动力作用。在油气运移动力学研究中，有以下几种动力作用得到了广泛认可：地层静压力和动压力、热力、水力、浮力和毛细管压力。油气在成藏要素格架中的运移，首先是从烃源岩到输导层的初次运移；其次是在结构繁简不一的输导层格架中向圈闭中充注成藏的二次运移，以及如果原生油气藏遭到破坏的话，还可能发生的第三次运移。

初次运移的动力和方式，长久以来虽经多方面研究，但至今仍难得到普遍认同。一般认为，烃源岩在压实成岩过程中产生的地层静压力应起主要作用。特别是对泥质烃源岩来说，由于它最易被上覆地层压力所压实而使孔隙变小，所以油气和与其相伴的孔隙水将一起被挤入与其邻接的多孔隙砂质输导层之中。然而这里有一个烃源岩压实作用与烃源岩生烃和排烃的时间匹配问题。如果大量生烃时间发生在压实作用晚期，那么烃的大量排出将可能另有途径，如油可能是呈溶于水或溶于气的状态进入输导层中，而呈游离状态的可能性较小。

在烃源岩有异常压力出现的情况下，烃源岩虽已进入大量生烃深度，却仍保持高于那个深度的异常地层压力和不被压实变小的高孔隙度存在，因此，其中将有很大的空间以容纳大量生成的烃以及地层水。由此烃将得以和水一起向外大量运移，并进入输导层之中。

油气进入输导层后的二次运移，是在另一种地质环境中进行的。首先，输导层是一种具有渗透性的多孔隙含水地层，油气进入后因物理化学条件的改变，将很快被从吸附等状态下释放出来而成游离状态；其次，输导层在横向和纵向上均可通过断层、裂隙、不整合或假整合面以及地层尖灭带或削蚀带与上下和周围的输导层连通，构成复杂的运移通道网络，使油气运移具有广阔空间；第三，由于油气和水的比重差异，其运动将在阿基米德浮力作用下独立进行。其运移的状态是：油气与水的密度差越大，分异作用越快；在静水条件下，油气凝聚的体积越大，则浮力越大；在地层水流动情况下，如二者同时向输导层的上倾方向流动，油气将在浮力和水动力一起克服毛细管阻力情况下向上运移；如水流向输导层下倾方向流动，使油气向上运移的浮力将受到水力和毛细管力的共同阻挡，只有当浮力大于水力和毛细管力时，油气才能向上运移；石油也有可能呈溶液状态或者呈悬浮液滴状态随水流动。

第二节　含油气区带

Perrodon 提出油气区的概念，认为一个油气区是由一个或多个盆地组成的，它们具有相似的地质特征和可对比的发育历史。一个油气区一般具有几个油气带，并对全世界大油气区进行了统计分析。甘克文在研究中国含油气盆地时，从盆地的组合关系入手，把具有相同沉积体系属于同一类型盆地归入一个含油气区，并将中国划分为六个含油气区：东北区、华北－江淮区、西北区、南方区、西藏区和大陆边缘区。张厚福等则将属于同一大地构造单元，有统一的地质发展历史和油气生成、聚集条件的沉积坳陷称为含油气区，如地台内部坳陷含油气区、地台边缘坳陷含油气区、山前坳陷含油气区和山间坳陷含油气区等。实际上这也是一种盆地的分类。而戴金星等划分的天然气聚集区却是盆地内部的一个构造单元，如轮台气聚集区等。

在世界石油大会上，美国联邦地质调查局在划分的 8 个大区的基础上，把全球划分为 937 个地质区 (省)，并对其中的 102 个评价好的区进行了重点研究和资源量估算。实际上这一方案主要是从行政区划出发的。

由上述分析可以看出，不同学者从不同的角度分析，给出的含油气区的定义和范围有较大的差异。总体看，含油气区的划分还没有一个统一的概念。苏联学者常在一个巨型盆地内划分出几个含油气区，如东西伯利亚盆地。含油气区划分的目的主要是便于地区内沉积组合和含油气远景的对比分析，不具有经济风险。因此，含油气区划分的基本原则应包括两点：

(1) 有明确的构造边界，如大断裂、褶皱带和板块边界等。

(2) 在某一地质时期内共同发育了相同的或相似的沉积体系，形成了相同或相似的含油气系统，而且这一系统应是这一含油气区内的主力含油气层系。

第三节　油气藏圈闭

圈闭是油气勘探和钻探的主要目标，是成藏组合评价的基本单元。因此，随着勘探程度的提高和勘探技术的发展，圈闭分类要便于在盆地和含油气系统内进行成藏组合评价时，有助于进行对比分析、圈闭评价和风险分析。一个特定的圈闭类型不仅能够反映其形成和圈闭成因，更重要的是要能够反映其形成的构造和沉积环境，具有明确的油气田分布规律和钻探成功率。因此，一个圈闭的发现和评价有助于指导一个带或一个成藏组合的勘探和风险分析。

一、构造圈闭

构造圈闭是沉积充填之后在埋藏成岩过程中由于构造（断裂、褶皱）作用形成的圈闭。区域应力场的变化可产生伸展、挤压和走滑圈闭；而局部应力作用可以形成重力滑动、压实和底辟构造圈闭。每一种圈闭都不是单独存在的，而是成群成带分布。

(一) 伸展构造圈闭

伸展构造是基底伸展作用形成的构造，是一种重要的圈闭群，主要分布在裂谷盆地和被动大陆边缘三角洲层序中。如北海盆地、尼日尔三角洲和中国东部中、新生代陆相盆地，如松辽和渤海湾盆地等主要储油圈闭都是伸展构造，主要以翘倾断块和逆牵引背斜为主，在后裂谷期层序中主要发育逆牵引背斜。

1. 逆牵引背斜

逆牵引背斜又称"滚动背斜"，一般发育在盆地或凹陷的边界断层、二级构造带主断层和其他同沉积断层的上盘。由于生长断层两侧沉积物厚度相差很大，在断层上盘由于重力作用导致地层发生滑动产生背斜构造。在逆牵引背斜的轴部常发育一系列同向和反向次级断层，形成小的阶地或地堑。同向断层也是生长断层，是沉积物向盆地方向逐渐进积作用过程中沉积物负载形成的。在逆牵引背斜发育区一般沉积速率较大，在泥岩生油岩中常形成异常高压，犁式断层的沟通十分有利于油气沿断层向上运移聚集在逆牵引背斜中，形成大中型油气田。在尼日尔三角洲和得克萨斯州海岸第三系，油气主要富集在此类圈闭中。逆牵引背斜也是我国东部裂谷系中的主要油气藏类型之一，如渤海湾盆地黄骅坳陷的港东逆牵引背斜油藏。

2. 翘倾断块

伸展盆地中正断层十分发育，断层下降盘地层变形形成断鼻圈闭都是十分有利的富油气圈闭。这类圈闭一般成群成带分布，纵向上多层系含油。由于断块旋转方向与断层倾向的差异，油气在断层上下盘都可以聚集，如果断块旋转方向与断层倾向相同，油气一般聚集在上盘；反之，油气聚集在下盘。在北海盆地维京地堑，主要边界断层西倾，地堑内断层东倾，每个断块向西旋转，所有大型油气田都分布在正断层的下盘三叠系和中、下侏罗统地层中。

(二) 挤压构造圈闭

挤压构造圈闭一般发育和分布在前陆、前渊盆地中，具有成排成带分布的特点，又可分为挤压背斜、挤压断块和逆断层阶地。一般在盆地边缘挤压一侧主要分布基底卷入型逆断层复杂化背斜圈闭，向盆地内部逐渐发育薄皮的断阶 (块) 和简单挤压背斜圈闭。在伊朗扎格罗斯山前的挤压褶皱是最富集油气的带。主要产油层为下中新统 Asmari 灰岩，构造裂缝发育，产量和丰度高。上覆的中新统 Lower Fars 群韧性蒸发岩为其盖层。

1. 挤压背斜

挤压背斜是前陆盆地和裂谷盆地反转期形成的主要圈闭油气藏类型，世界上若干大型油气田为这一类型圈闭。如美国怀俄明逆掩带，是典型的富油气的挤压褶皱构造发育带，发育的 Painter 油田是 Absaroka 逆断层上盘的一个大型倒转背斜，产层为三叠—侏罗系 Nugget 砂岩，推覆到了白垩系之上。在 Painter 构造之上又上覆了 Bridger Hill 逆断层和一个不整合面。

2. 逆断层圈闭

逆断层圈闭往往与推覆挤压构造有关，是大型挤压构造伴生的圈闭。在我国西部盆地发育大量逆断层圈闭，如准噶尔盆地的克拉玛依、百口泉和红山嘴油田等，四川盆地的圣灯山气田等。

（三）与扭动作用有关的圈闭

扭动作用又可分为张扭和压扭作用。在走滑盆地中主要发育和分布花状构造圈闭和断层圈闭。这类圈闭在剖面上类似于伸展或挤压盆地中的构造，但在平面上圈闭具有独特的风格，呈雁列式成群成带分布。可细分为背斜和断块圈闭。断块圈闭一般在近走滑断层一侧发育，背斜一般在走滑早期阶段和／或远离走滑断层一侧分布。加利福尼亚州洛杉矶盆地是沿圣安得烈斯走滑大断层分布的，在其内侧发育一系列雁列式断层复杂化的背斜，厚的盖层为油气藏的保存提供了保障，如 Whittier 油田。

（四）压实构造——披覆背斜

差异压实作用形成重要的圈闭——披覆背斜。

压实构造一般在碎屑岩沉积环境中发育。由于不可压实的古地貌，如基底地垒、裂谷肩、早期的沉积高地和盐岩等，在古地貌顶部一般沉积物较粗，不易压实，而在地貌四周，一般沉积物较细，为泥质岩，易压实，沉积相和成岩史的差异导致地貌之上形成披覆背斜。通常由于基底断裂的再活动或其他外动力作用，在披覆背斜顶部常发育一系列断层。披覆背斜的构造幅度一般由下向上逐渐变小。

由于断裂的活化，披覆背斜一般可以富集同裂谷期的油气；另外，如果在后裂谷期发育生油岩或断层活化沟通同裂谷期生油岩的话，后裂谷期的披覆背斜同样是有利的油气圈闭。

（五）底辟构造

底辟构造是指由于盐和超压泥岩的运动形成的构造。盐的密度在埋藏过程中基本保持在 2.03g/cm^3 不变，而砂泥沉积物在埋藏成岩过程中密度逐渐增大，当深度大于 $800 \sim 1200\text{m}$ 以后，盐的密度低于上覆沉积岩地层，很可能由于浮力作用和／或构造 - 沉积等外动力的诱导发生底辟甚至刺穿形成底辟构造。超压泥岩如果有外动力引导，也可以发生类似事件。盐和泥岩底辟构造在伸展盆地和挤压盆地都可以发育，它们两者有明显差异，在不同环境中发育的底辟构造也有差异，可以用于指导勘探。

1. 盐底辟构造

在伸展盆地发育早期通常沉积物为盐，之后很快变为深水环境，因此，盐一般分布在区域烃源岩层之下。基底断块的运动、相变、密度、黏度和温度的横向变化都可以导致盐底辟，形成盐枕、盐隆、盐墙甚至穹隆。一般，如果盐层之上为碳酸盐岩地层，则主要发育盐枕、盐隆和穹隆构造；上覆碳酸盐岩层变形，放射状断层和裂缝发育，断距一般很小，在穹隆顶部形成一个环状向斜。这类构造十分有利于油气富集。如在得克萨斯湾海岸盆地Hawkins油气田，在深部盐隆之上发育一个对称的穹隆油气田。如果盐层之上为砂泥岩地层，则盐容易刺穿上覆地层，形成盐栓，不仅在上覆地层中形成穹隆构造，在其两侧也可以形成若干构造。

2. 泥底辟构造

泥底辟与盐底辟可以在地震剖面上根据速度明显区分开，一般泥岩速度为4500m/s不变，而盐的速度比泥岩高得多，同时泥底辟构造中央不发育环状向斜。

含水或含气的高压泥岩，在应力作用下可以触变刺穿上覆高陡背斜，类似于盐背斜，如果压力很大，可以刺穿所有地层形成泥火山。世界最著名的泥底辟和泥火山发育在俄罗斯的巴库地区，如Bibi-Eibat油田为典型的泥底辟刺穿构造。具有多含油层，构造顶部断裂发育，但断距很小。

二、地层圈闭

地层圈闭是Levorsen根据East Taxas油田的发现提出的。这种圈闭在数量和储量上均占世界巨型油田的10%以上。

沉积相和沉积厚度的变化是十分常见的地质现象。有时它与构造作用(褶皱和断裂)经常叠置在一起。当构造变形处于次要地位或没有明显构造变形时，由于相变如透镜体、生物礁、上倾尖灭等，和成岩作用以及不整合作用形成的圈闭为地层圈闭。地层圈闭的闭合度主要取决于地层、沉积或岩性条件，如岩相的变化或尖灭。Rittenhouse根据储集层与不整合面的关系把地层圈闭分成四类：相变圈闭、成岩圈闭、不整合面之上和之下圈闭，并进一步分出8亚类。Allen等(1990)把地层圈闭分成沉积、成岩和与不整合面有关的圈闭。

这里根据圈闭成因可以将地层圈闭分成不整合圈闭、相变圈闭和成岩圈闭。在成熟勘探的盆地中，地层圈闭油气藏是勘探和储量增长的主要目标。但地层圈闭油气藏的勘探难度要比构造油气藏大得多。高分辨率层序地层学为地层圈闭的勘探提供了比较有效的工具。在稳定性盆地中，地层圈闭油田更为发育。

(一) 不整合圈闭

不整合面一般是由于构造抬升和 / 或海 (湖) 平面下降形成的沉积间断或侵蚀面，可以分出区域不整合面和局部不整合面。区域不整合面一般是 II 级超层序的界面，而局部不整合面一般是 III 级层序的分界面。与 II 级超层序伴生的区域不整合面一般发育大面积的侵蚀、风化和下切谷，形成的圈闭具有区域上的意义，上覆有很好的烃源岩和盖层，十分有利于油气的聚集和保存，可以形成大型的潜山、削蚀和超覆圈闭。与 III 级层序共生的不整合面一般分布范围有限，主要发育小型的超覆圈闭。

在不整合面上下都可以发育良好的烃源岩，不整合面是油气长距离运移的良好通道，是世界若干大型油气田形成的主要原因。在我国华北克拉通上古生界和下古生界之间发育区域不整合面，在鄂尔多斯盆地不整合面上发育石炭 - 二叠系煤系气源岩，在其下发育奥陶系灰岩气源岩；在渤海湾盆地除发育奥陶系灰岩气源岩之外，不整合面之上直接覆盖下第三系沙河街组生油岩。因此，在鄂尔多斯盆地形成大型气田——中部气田，在渤海湾盆地形成若干大型古潜山油气田，如任丘和千米桥油气田。

1. 潜山圈闭

潜山是各种构造地质作用的结果，一般经历两个发育阶段：第一阶段由于地壳上升遭受风化剥蚀；第二阶段随着地壳下降接受沉积而被沉积物覆盖，之上形成披覆背斜。组成潜山的地层多种多样，包括沉积岩 (砂岩和碳酸盐岩)、变质岩和岩浆岩。碳酸盐岩潜山是最有利的储集层，形成许多大型和特大型油田。

2. 削截圈闭

不整合面之下储集层被削顶的圈闭可以形成巨大的油气藏。北海东舍德兰盆地 Statfjord 油田是北海含油气省最大的油田，拥有约 $4.7 \times 10^8 \mathrm{m}^3$ 的可采储量，下侏罗统巨厚的砂岩地层处于巨大的向西抬起的断块中，断块顶部受到中侏罗世末期不整合作用的削顶形成巨大的削截圈闭，上覆上侏罗统Kimmeridgian阶生油岩，构成很好的生储盖组合。

3. 下切谷河道砂体

在低水位体系域（I型层序边界）发育期，由于海（湖）平面下降速率大于构造沉降速率，在滨岸平原形成一系列下切谷，随水面上升，下切谷逐渐被砂体然后是泥质岩充填，形成河道砂体圈闭。这种圈闭的分布和形态完全取决于河道的形态，辫状河、曲流河、网状河、三角洲分流河道和潮汐河道等的几何形态变化很大。这些砂体一般不直接与生油岩接触，需要有不整合面和断层的沟通。在鄂尔多斯盆地马岭油田，侏罗系下切谷切入下伏的上三叠统生油岩，油气沿不整合面运移进入河道砂体圈闭中。

4. 超覆圈闭

盆地边缘和盆内隆起区常常出现多期的升降，形成多个不整合面，是水侵期地层超覆尖灭线分布的地区，常常被同生断层复杂化。断层和不整合面为油气充注提供了良好的通道。在江汉盆地潜江凹陷的北缘断裂带上的钟市油田属于这一类型。它是潜北大断裂前缘带上的一个鼻状构造，构造闭合幅度和闭合面积均上大下小。主要储集层为潜江组二、三段湖盆陡岸的冲积扇砂体。

(二) 相变圈闭

在沉积过程中，沉积相的空间变化是十分常见的，具体包括尖灭、海（湖）底扇砂岩透镜体、河道砂、生物礁（坝、滩）、风成砂等储集体，周围被非渗透泥岩或灰岩封闭形成各种相变圈闭。

1. 砂岩相变圈闭

砂岩相变取决于沉积条件和／或沉积后的变化。

（1）砂岩上倾尖灭圈闭。砂岩尖灭一般向盆地方向，只有后期构造运动如底辟作用使得尖灭带抬升，才能形成上倾尖灭圈闭。上倾尖灭圈闭一般直接被生油岩所包围，油源条件比较好。

（2）砂岩透镜体。在最大湖侵期由于重力流作用在海（湖）底形成若干被海（湖）相泥岩（密集段）包围的砂岩透镜体。在海相盆地中，低水位体系域由于海平面下降，在陆坡常形成砂岩楔状体。这种砂岩楔状体和透镜体般上覆海相密集段生油岩。油源条件十分优越，可以形成较大型油气田，一般具有异常高压特征。在东营凹陷沙三段生油岩内部发现一系列砂岩透镜体油藏，主要分布在凹陷中部，是湖底扇砂体外缘的滑塌浊积砂体储集层。

2. 碳酸盐岩相变圈闭

和碎屑岩一样，碳酸盐岩的岩相变化同样可以形成圈闭，其中生物礁是最典型的也是最常见的碳酸盐岩岩相变化形成的地层圈闭的岩体。其次，碳酸盐岩层在上倾方向（如构造鼻）过渡为致密的和不渗透的碳酸盐岩层，或在成岩过程中下倾方向原先致密的或孔隙性差的岩石被溶解形成储集层，都可以形成圈闭。

（1）生物礁圈闭。长期以来，生物礁一直被认为是最重要的地层圈闭之一。生物礁是天然的储集体，又是圈闭，具有潜山油气藏形成的所有机制：侧翼高孔隙的碎屑岩、顶部相变和生物礁之后的披覆背斜，也具有很好的盖层条件。

生物礁通常发育成穹隆（塔礁）和窄长的（障壁）背斜型构造。主要由各种生物群体组成，生物本身具有高原始骨架孔隙度，同时文石质化石的溶解也使得孔隙度进一步增加。这样的结构使生物礁成为天然的储集体。由于生物礁本身支撑构成的骨架基本上是不可压实的，所以既保持了构造上的高位置，又保持了大量的原始孔隙度。礁的围翼是离开礁核而深深下倾的层状砂屑灰岩。由于这些礁外沉积物比礁本身可压实性要大得多，所以埋藏之后的压实作用使得礁块的原始起伏增强，在生物礁的上方和周围形成披覆背斜和单斜。

（2）相变圈闭。碳酸盐岩层中白云岩化作用导致致密的石灰岩变为孔隙性储集层，形成圈闭油气藏。

（三）成岩圈闭

1. 成岩圈闭的概念

成岩圈闭是指在成岩过程中，储层经胶结作用、压实作用和交代作用改造而形成的一种圈闭，后烃构造运动改造形成的连续或不连续或单独的成岩体，不同于构造圈闭、地层圈闭和岩性圈闭，它既不是地层尖灭，也不是岩性变化造成的，而是经成岩作用和后期构造作用形成的。由于碳酸盐的可溶性，且其在成岩作用中的较大变化，成岩圈闭常见于碳酸盐岩油气田中。

碳酸盐岩储层中的成岩作用极为复杂，且碳酸盐岩沉积物稳定性较差，在成岩过程中，沉积物本身和粒间孔隙同时发生成岩变化，导致储层的孔隙类型、储集性能、储层与非储层都会发生极大的改变，在后期构造运动的作用下，形成碳酸盐岩成岩圈闭。

2. 成岩圈闭的形成及特点

成岩圈闭的形成有两个重要因素：一个是成岩作用形成遮挡的条件，另一个是构造运动使油气在一定的部位聚集和保存。油气聚集发生在早期构造圈闭形成以后，伴随后期的成岩作用，特别是烃水界面两侧的差异成岩作用将早期在圈闭聚集的油气进行封堵和遮挡，后期持续的局部成岩作用将这些含气圈闭独立成单独的含气体或成岩气藏，即使后期的构造运动比较强烈，也很难把这类气藏破坏，但通常会改变含气圈闭的位置，导致含气圈闭不在现今构造的高部位，可能在斜坡或更低的非构造高点的位置，形成的气藏气水关系复杂。

成岩圈闭具有如下几个特点：圈闭可能位于构造的高部位，也可能位于构造的斜坡上，或更低的构造位置；非构造高部位形成的成岩圈闭也可能是油气分布的有利区；成岩圈闭形成的气藏气水界面比较复杂，多具有倾斜气水界面的特点。

第四节 成藏组合

一、定义

所谓油气聚集带，系指与大构造单元(背斜带或与其相当级别的构造单元)联系在一起的油气田(带)群。在油气聚集带内的各油气田具有相似的地质构造特征和油气藏形成条件。有学者在研究世界含油气盆地油气分布规律的基础上，用成因观点对油气聚集带进行了分类，相应划分为构造型、生物礁型、地层型、岩性型和混合型油气聚集带，其中每一类又可划分为若干亚类。油气聚集带侧重于从构造角度阐述油气田成带成群分布的特点。欧美学者常用"油气藏（田）趋向带"来描述油气的聚集规律。油气趋向带一般是指某一含油气层位中油气藏分布趋向一致或基本一致的油气藏带，如滨岸线油气藏带、礁型油气藏带、鞋带状油气藏带、河道砂油气藏带等。油气藏趋向带侧重于表示地层型油气聚集带。

二、成藏组合的划分和描述

目前，由于出发点不同，对成藏组合的划分和描述也存在多种不同的思路，其应用的目的也不同。

（一）成藏组合的命名

与含油气系统不同的是，成藏组合的名称由于其划分的侧重点不同而具有不同的命名系统。在平面上划分成藏组合时，一般以构造单元、圈闭类型和储集层相带类型来命名，如边缘上倾尖灭成藏组合、中央披覆背斜成藏组合等。在垂向划分成藏组合时，则一般以储集岩的时代和岩性为主来命名，如侏罗系砂岩成藏组合、石炭系生物礁成藏组合等。

（二）成藏组合的划分

正确地圈定成藏组合的范围是进行成藏组合地质评价、经济评价和风险分析的关键。成藏组合的圈定就是具有相同的圈闭类型、相同类型的储集层并具有相同油源的一组远景圈闭。它们具有某些与油气产状有关的共同的风险。为了实用起见，大面积的地质成藏组合可沿任意线分割成多块分别评价，如沿着租地区块、国际边界或水深等深线。所得到的亚成藏组合评价将具有关联风险。

1.平面上根据构造背景划分成藏组合

在单旋回盆地中，一套主力烃源岩形成单源含油气系统时，构造带往往控制了油气田的空间展布。因此，有的学者曾根据构造带来划分油气成藏组合或成藏组合群（play fairway）。Mancini等根据盆地的位置、与区域构造特征的关系以及特征的油气圈闭，将东海岸平原的上侏罗统牛津阶 Smackover 组划分为5个石油成藏组合：

（1）基地隆起亚成藏组合，是区域边缘断层带的上倾地区，侏罗系

Louann 盐减薄或缺失，构造形成于前侏罗系基岩之上；

（2）区域边缘断层带成藏组合，是 Louann 盐的上倾边缘，构造以与盐有关的构造为特征；

（3）Mississippi 内盐盆成藏组合，位于 Gilbertown 断层系统的下倾地区；

（4）Mobile 地堑系成藏组合，位于 Mississippi 内沿盆地的东边缘分布；

（5）Wiggins 隆起复合成藏组合，位于盆地下倾方向。

2. 垂间上根据储集层时代划分成藏组合

Glennie 在研究北海盆地时划分含油区和含气区。含油区的油源主要为中、上侏罗统 - 下白垩统海相泥岩，其生成的油气聚集在泥盆系至渐新统地层中，根据其储集层时代和构造演化把侏罗系超含油气系统划分为"裂谷期前""同裂谷期"和"裂谷期后"6 个成藏组合：三叠系 - 古生界，中、下侏罗统，上侏罗统，下白垩统，上白垩统，下第三系。含气超系统气源为石炭系的含煤地层，气田主要分布在东西向的构造中。根据天然气分布的储集层时代和地区，进一步把石炭系含气超系统划分为石炭系、二叠系、三叠系、上侏罗统 - 下白垩统等四个成藏组合。

（三）成藏组合的可靠性等级

Magoon 提出了优惠成藏组合和优惠圈闭的概念，优惠成藏组合是由含油气系统内的一个或多个优惠圈闭组成的，而优惠圈闭是尚未发现的商业油气藏。一个含油气系统是由已知成藏组合和若干优惠成藏组合组成的。

赵文智等根据成藏组合的确定性将其划分为确定型和概念型两大类，前者是指在成藏组合内已发现了油气藏〈田〉；后者是指在一个特定地区成藏组合的基本要素都已存在，可以形成油气藏（田），但还未发现工业油气流。

三、油气成藏组合的类型

油气成藏组合类型是一个使用十分普遍的概念，它为成藏组合的资源评价和风险分析提供了理论基础。目前对成藏组合类型的划分存在不同的方案。

（一）根据在剖面中的位置分类

White 把成藏组合划分为五种类型：楔状体底部、楔状体中部、楔状体顶部、楔状体边部和不整合面之下成藏组合。

1. 楔状体底部成藏组合

砂岩楔状体海进底部成藏组合上覆极好的还原环境下沉积的富含有机质的生油岩和盖层，底部往往超覆在下伏的不整合面上形成地层超覆圈闭和下切谷砂岩圈闭等；同时，低水位体系域沉积的砂体有助于形成地层上倾尖灭圈闭。碳酸盐岩楔状体海进底部成藏组合主要包括生物礁和碳酸盐岩席，上覆页岩和微晶灰岩，一般分布在不整合面之上的局部古地形之上。

2. 楔状体中部成藏组合

由于上下都被细粒沉积物包围，中部成藏组合具有优越的生－储－盖条件。油气分布在细粒沉积物包围的透镜状或席状储集层形成的地层圈闭中。砂岩储集层包括近岸和大陆架砂以及深水浊积砂体，其中浊积砂体是最主要的储集层。如东营凹陷的沙三段。有时裂缝泥岩也可以成为产油层。在楔状体中部的碳酸盐岩生物礁一般位于沉积古地形或差异压实或同生构造之上，上覆页岩或微晶灰岩。而席状碳酸盐岩大部分是由灰岩而不是白云岩组成的，尽管其物性难以预测，但也具有产能。

3. 楔状体顶部成藏组合

海退页岩和微晶灰岩沉积在浅水氧化环境下，上覆近岸沉积，因而贫有机质。除非出现硬石膏，唯一的盖层是致密的岩石和粗粒或细粒非海相沉积相互层。地层圈闭分布在储集层向边缘相变为非海相岩石中。楔状体顶部一般很厚，尽管可能被上覆的不整合削蚀。

4. 楔状体边缘成藏组合

楔状体边缘成藏组合由粗碎屑岩储集层组成，上覆和下伏地层均为非海相地层。因此，常常缺乏良好的保存条件，除非在这种非海相的沉积相带中发育良好的膏盐层。供油也同样存在风险，除非楔状体边部与细粒烃源岩接触。成功的楔状体成藏组合常常处于沉积作用下受某种构造控制的地方，如活动的张性湖盆内。

5. 不整合面之下成藏组合

判断这一类型的成藏组合往往比较困难。底部往往超覆在下伏的不整合面上形成地层超覆圈闭和下切谷砂岩圈闭等；同时低水位体系域沉积的砂体有助于形成地层上倾尖灭圈闭。而盖层条件取决于上覆楔状体底部的岩性。

(二) 根据储集层岩性岩相进行分类

层序地层学的发展为成藏组合的划分提供了更有效的工具。在不同类型构造环境中发育了不同的层序组合，从而控制了成藏组合的分布。根据储集层的岩性，首先将成藏组合划分为砂岩成藏组合和碳酸盐岩成藏组合两大类。然后根据砂岩和碳酸盐岩成藏组合的各自主控因素进一步分类。碳酸盐岩成藏组合主要突出储集体的几何形态和分布；砂岩成藏组合首先可以根据砂体类型划分，如河流相砂体成藏组合、三角洲前缘席状成藏组合、浊积砂成藏组合等。由于砂岩储集层的均质性和连续性比碳酸盐岩好，因此，砂岩成藏组合更重要的是根据其圈闭类型进行划分，突出构造风格。

第二章　油气勘探技术方法

第一节　非地震地质勘探技术

非地震地质勘探技术是指除地震勘探技术以外的其他所有地质勘探技术，包括地面地质测量、油气资源遥感、非地震物探、地球化学勘探等。

一、地面地质测量

地面地质测量是最古老的地质勘探技术，在世界及我国油气勘探历史上曾经发挥了重要作用。它主要是通过野外地质露头的观察、油气苗的研究，结合地质浅钻和构造剖面井等手段，查明生油层和储油层的地质特征，落实圈闭的构造形态和含油气情况。该方法是在地层出露区或者薄层覆盖区找油的一种经济和有效的方法。

"由表及里""将今论古"的工作原则历来是地质工作的出发点。虽然野外地质露头的研究有被现代地质调查方法所代替的趋势，但作为联系盆地地下地质与地面地质的唯一纽带，其作用是不可替代的。在确定盆地的地层层序、生储盖组合及其分布，进行生储盖层评价，建立盆地地质模型过程中，它是不可缺少的重要环节，仍应受到高度重视。

二、油气资源遥感

结合航空摄影、卫星遥感手段进行地面地质调查，是现代油气勘探的一大特点，印尼米纳斯油田的发现就是一个非常典型的例子。米纳斯油田是东南亚地区最大的油田，"米纳斯原油"是世界上"蜡质低硫"原油的代名词，该油田位于中苏门答腊第三纪盆地中，地面为丛林和现代沉积所覆盖，地质构造难以辨认。但是在航空照片上，可以明显看出一个高的隆起，由该隆起高区向四周的径向泄流系统十分引人注目，呈环状辐射分布。

遥感技术更是以其概括性、综合性、宏观性、直观性的技术特点，正日益成为油气勘探中的一种成本低、省时、适用于交通不便及环境恶劣地区进行地面地质调查的先进方法。它是在利用卫星遥感手段获得大量数据的基础上，运用统计分析、图像处理、地理信息系统等技术手段，解译和分析地质构造，圈定油气富集区。

构造信息提取与分析是遥感在石油勘探中最早应用并逐步发展起来的，也是国内外应用最广泛、最成功、最有效的方法，包括地貌构造解译分析、地质动力解译分析等。20世纪80年代中期以来，随着地理信息系统（GIS）技术的引入、烃类微渗漏遥感直接检测技术的开发应用，伴随着强大功能的电子计算机的出现，使得现代遥感技术在卫星图像的分辨率、光谱频带范围、立体成像、图像处理与解释等方面不断提高。新一代卫星获得的高质量商业化数字式图像，已经使遥感技术的应用开始从区域勘探转向区带评价。

另外，由于雷达成像系统已经克服了连续云层遮挡和茂密植被覆盖的影响，加之现代卫星资料具有数字格式记录、能利用计算机进行自动处理等优点，使之可以同其他数字记录资料（如重力、地震）一起进行综合解释，因而具有广阔的应用前景。遥感所获得的常规勘探无法得到的资料，为日后地震测网的部署和油藏评价提供了更可靠的依据。

我国的石油遥感技术与应用研究起步稍晚，大约始于1978年，由石油系统率先组织开展塔里木盆地西部的油气资源评价。截至目前，已先后在新疆柴达木盆地和准噶尔盆地、内蒙古二连盆地、四川盆地以及我国东部各盆地进行了石油遥感地质研究，收到了良好的效果。油气资源遥感已从间接性、辅助性逐渐迈入直接性、综合性的发展阶段，成为油气勘探早期不可缺少的重要手段之一。

三、非地震物探

非地震物探是重力、磁法和电法勘探的总称。它们主要是以岩石密度差、磁性差、电性差为主要依据，通过在地表或地表上空地球重力场、电场、磁场特性的变化来达到反映地下地质特征的目的。其作用概括起来有三个主要方面：一是反映地壳深部结构及其特点；二是反映基底顶面深度与起伏状态以及基底断裂与岩性；三是在条件有利的情况下，反映沉积盖层的构造特征。因此，重磁电勘探既可以为大地构造单元的划分提供依据，也可以在一定程度上圈定有利构造。重、磁、电勘探作为研究区域构造和局部构造的有效方法，常常互相配合使用。特别是在区域勘探阶段，在查明区域构造特征方面，具有效率高、成本低的优点。

目前，重磁电勘探在资料采集、处理与解释等方面都取得了巨大进步，主要表现在井中重力勘探、电磁阵列剖面法的出现，瞬变电磁法的发展以及直接找油等方面。

测井技术中一直没有重力测井，因为受井下重力仪体积、倾斜以及自动调平技术指标的限制，造价高、施工复杂，使得其应用远远滞后于其他测井技术。近年来，井中重力勘探已在我国正式投入使用，在寻找井旁一定范围内遗漏的油气藏、进行孔隙度研究、在油气开采中监测流体界面变化等方面，发挥着重要作用。随着技术的进一步发展，井中重力勘探可望成为一种常规测井技术。

电磁阵列剖面法（EMAP）以及瞬变电磁法中独特的建场测深法的开发和应用，强烈地冲击着传统电法勘探的思维方式。连续的密集采样，新的处理、解释、成图技术的出现，给电法勘探注入了新的活力，它标志着二维电法勘探技术进入实用阶段。EMAP 法是针对传统 MT 中静态畸变而提出的，它采用多道数字仪，以首尾相接的采集布点方式（点距 100～200m）采集数据，室内采用二维乃至三维低通滤波的处理方法，可以获得地下电性构造的连续变化图像。而瞬变电磁勘探的建场测深法采用相对固定且强度相当大的场源，进行多道、密集采样（最小采样率达 1ms），并通过在时域叠加，空间域多次覆盖，使得数据采集误差可达到 15% 以下。加之从采集、处理到解释全过程的拟地震化，以及直观形象的成果剖面、较高的纵横向分辨力、足够的勘探深度，使之已成为油田地质家认可和青睐的非地震方法。除此之外，人们还注意到油藏上方存在着由于烃类物质的扩散而引起的氧化 - 还原过程所伴随的电磁现象，为磁法直接找油找到了理论基础。

四、地球化学勘探

油气化探是在石油地质学和地球化学的基础上发展起来的一门综合性学科，是在系统测试分析自然界中与油气有关的化学异常，从而评价区域含油气远景，寻找油气藏的一种直接找油技术。自德国的 G.Laubmeyer 首次将地表烃类与地下油气藏相联系以来，在近 50 年的发展历程中，化探经历了创始、发展、停滞、复兴四个阶段。

（一）油气化探的基本原理

油气地球化学勘探简称油气化探，主要是通过油气在扩散和运移过程中所引起的一系列物理 - 化学变化规律，即油气藏与周围介质（大气圈、水圈、岩石圈、生物圈）之间相互关系的研究，利用地球化学异常来进行油气勘探调查，确定勘探目标和层位的一种油气勘探方法。化探方法的主要优点在于成本低，便于在各种地表条件下使用，而且作为一种重要的直接找油技术，是其他方面所不能替代的。

油气藏的形成与破坏理论告诉我们，油气田从形成到消失实质是烃类由分散到集中及由集中到分散的两个连续过程，烃类及伴生物逸散至近地表形成地球化学异常。在获得各种介质的地球化学指标之后，可以通过各种数学地质方法进行数据的处理和分析，来圈定这些异常。因此，油气化探数据处理是油气化探工作的重要环节，其目的之一在于压制和消除干扰，如地表干扰、景观条件变化等；二是提取异常，结合地质构造等关系的分析，可以确定有利的勘探远景区或目标。目前化探数据处理常用的数学地质方法包括数据标准化、趋势分析、判别分析、聚类分析、主成分分析等。

运移至近地表的烃类形成异常一般有多种形态，包括串珠状（线状）、面状（块状）、环状和叠瓦状等。串珠状异常是透镜状或条带状异常沿控油断裂按一定方向断续分布造成的，是拉张型盆地内常见的一种异常模式，通常有较高的幅度。面状异常是连片的高含量区或集中分布于一定范围内的高含量点所构成的异常，它往往是烃类沿油气藏上方微裂隙运移的结果，一般位于油气藏顶部或稍有偏离的部位。环状异常是晕圈状高含量带，中央为低值或背景值，高含量带表现为连续或不连续的环，晕圈呈圆形、半圆形、椭圆形等各种形态。环状异常是"烟囱效应"及"微生物作用"的结果，油气藏中的烃类沿着垂直通道向上运移，由于氧化过程中伴随着次生碳酸盐的析出，导致油气藏上方形成致密层，阻碍后续烃类的向上运移，从而形成环状异常。或者是因为在油气藏上方近地表有强烈的微生物活动，消耗了大量向上逸散的烃类，导致异常消失，而油气藏边部因逸散的烃类减少，满足不了微生物生存最低浓度限，微生物不能生存，造成边部异常值反比油气藏顶部要高，形成环状异常，这就是"微生物作用"的结果。叠瓦状异常则主要是在不同序次断裂或阶梯状断层的控制与分割下，异常呈现有序的羽状分布，或者是油气沿阶梯状断层向上运移，形成多个块状异常，垂直于断层的走向，异常呈排地分布。

（二）油气化探的主要方法

油气化探的方法很多，从不同的角度，可以对油气化探进行不同的分类。

按照取样位置的差别，可以分为空中化探、近地表化探和井中化探。空中化探主要研究大气层中的气体成分组成与含量，特别是烃类物质的变化规律；近地表化探则以地壳表层为对象，通常限于侵蚀面以上的地质空间范围，可以用来进行有利含油气区带预测和圈闭含油气性评价；而井中化探是在探井中进行，主要研究油气储层地球化学特征，以直接地化指标进行生油层和储层评价，及时发现和预测油气层及油气性质，为选择试油层位，并为近地表化探的解释服务。

（三）化探在我国油气勘探中的应用

我国在20世纪50年代开始在新疆、陕甘宁等地开展化探找油实验，1964年组建了专门的化探队伍在济阳坳陷、下辽河地区、鄂尔多斯盆地开展有组织、有计划的化探测量。1976年，第一次全国油气化探会议在黄山召开，标志着我国油气化探工作开始由试验阶段转向生产应用阶段。"六五"和"七五"期间，油气化探相继被列入国家重点科技攻关课题，并在河南周口坳陷等地进行化探扫面工作。

近年来，中国石油天然气集团公司专门组建了油气化探队，综合运用游离烃、酸解烃、蚀变碳酸盐、紫外光谱、热释汞、铀、碘、氢气、二氧化碳等多种方法，在二连盆地、新疆三塘湖等盆地开展油气化探工作，取得了十分显著的勘探成效。

第二节　地震勘探技术

地震勘探是现代油气勘探的支柱技术之一，无论是在地层出露区还是在沉积覆盖区，都是查明深部目的层构造形态的关键技术。在我国油气勘探历史中，由于地震工作准备得比较充分，在发现和探明诸如大庆、胜坨、任丘、孤东等油田时，做到了少打井和高效益，在地层出露的四川盆地，地震勘探也是寻找地下隐伏构造的主要手段之一。

一、地震勘探的阶段划分

地震资料是部署各类探井的主要依据，因此，拥有高质量的地震资料是加快油气勘探进程的重要因素。不同的勘探阶段，地震勘探的作用和任务是有很大差别的。一般地，随着勘探的深入，需要解决的地质问题也更加复杂，地震勘探的精度也必须相应深入。通常，地震勘探可以分为概查、普查、详查、精查四个阶段。

（一）地震概查

地震概查一般是在一个勘探新区，只有少量或者没有探井的地区，应首先根据其他物探资料部署地震区域概查。其主要任务是结合地面地质调查和其他资料，查明盆地的地质结构，包括盆地的边界、基岩的起伏特征、沉积岩体的厚度等，确定含油气的远景区，并为部署区域探井提供依据。

（二）地震普查

地震普查是在具有含油气远景的地区，配合钻井及其他方面的资料，一方面基本搞清基底深度及基底以上各构造层的基本形态、主要断裂展布，划分区域构造和二级构造带，初步划分时间地层单元。另一方面，可以通过区域地震地层学分析，进行沉积相研究，预测生油和储油条件，为优选有利区带、确定探井井位提供依据。

(三) 地震详查

地震详查是在有利的区带上开展的地震勘探工作，其主要作用是查明二级构造带上圈闭的形态和基本要素，通过地震资料的特殊处理，寻找岩性圈闭和其他非构造圈闭。结合井资料，开展储层横向预测，研究储层的分布和厚度变化，为圈闭描述和评价服务。其最终目的是为提供有利局部构造、断块或者潜山等提供地质依据。

(四) 地震精察

地震精查或者三维地震的部署，一般是在勘探后期的油气藏评价或者复杂类型油气藏滚动勘探开发阶段，为提供准确的油气藏顶面构造形态，预测油气层的分布，进一步查明油气层的构造形态与内部结构，进行储层参数的地震反演，研究油气层物性提供研究资料。

二、地震勘探的部署设计

地震勘探信息量大、用途广、反映地下地质情况的能力强，特别是"三高一准"(高信噪比、高分辨率、高保真度、准确成像) 地震勘探技术的发展，使得地震勘探的应用领域由原来断层及构造的解释进一步扩展到地层、沉积、构造的解释，生油层、储层、盖层的评价，地层压力预测等多方面，并形成了一些新兴的边缘学科——地震地层学、层序地层学、地震岩性学和油藏地球物理学，可以为区域地层岩相分析、生储盖层评价、烃类直接检测、实施安全钻井提供大量而系统的信息，成为实施勘探决策和提高勘探效益必不可少的依据。因此，它是现在油气勘探的排头兵。地震先行，已经成为现代油气勘探最基本的原则之一。

地震先行，不仅是指施工顺序要先钻井而行，而且要特别强调地震资料必须具有解决不同勘探阶段地质任务的能力，能够满足探井部署和钻探实施以前综合研究和部署决策的需要。因此，对不同勘探程度的地区、不同的勘探目的层系和勘探领域要有一个总体规划和统筹安排，对拿储量的重点地区、储量的后备区、甩开侦察的地区的接替关系，提供资料的进度和精度，要提出较为完整的要求，并按照这一要求去安排地震施工的先后顺序，保证所需的地震资料能够"正点到达"。在正式施工前，对进行大面积施工的新区，或者是原来难以获得高质量地震资料的地区，要安排资料的采集试验，防止地震施工的被动，这也是地震先行和高质量的重要保证。另外，要留出一定的时间，进行地震资料特殊处理和解释，这是保证高水平解决不同阶段地质问题、提高勘探效益的关键环节。

地震资料采集的好坏严重影响地震资料的质量，从而极大地影响人们对地下地质情况的认识。因此，在部署地震测线过程中，要根据具体的地质任务，进行全面整体的设计规划，做到心中有数是非常关键的。在具体设计实施过程中，应遵守以下主要原则：

（1）每条测线必须地质任务明确，针对性强、长度够，能够控制构造形态和研究的地质对象，同时又要注意节省工作量；

（2）主测线原则上要垂直于主要构造带的走向，主测线和联络测线应尽量垂直，但是出于整体性的需要，也可以适当部署一些其他方向的测线；

（2）地震测线一般要按直线施工，但是在区域概查和普查阶段，若地表条件比较复杂，无法按照直线施工时，可采用弯线；

（4）工区内的主要探井应有地震测线通过，以便于层位的追踪和对比；

（5）在与相邻工区的测线或不同年度部署的测线的连接区，应有一定长度的重复，一般为600m，这样比较有利于在地震处理和解释中消除闭合差；

（6）测线桩号的大小根据测线方向与南北方向的关系来确定，凡是交角小于或等于北东和北西45°的，南小北大；交角大于北东和北西45°的，西小东大。测线号则根据测线的方里网坐标加上（或者减去）一个固定的常数来确定。

三、地震勘探技术新进展

地震勘探技术自诞生后，经历了多次覆盖、三维地震、多波勘探技术的飞跃，在油气勘探中的地位和作用日益提高。当前，世界地震勘探技术的重大进展主要表现在地震资料采集、特殊处理、资料解释三个主要环节，如高分辨率地震、三维地震、叠前深度偏移、多波多分量研究、井间地震等。这些技术的采用，大大提高了利用地震资料进行复杂构造解释、储层横向预测的能力和油气藏描述的精度。

(一) 三维地震勘探

随着计算机软硬件的发展，三维地震已成为一种常规的勘探方法。三维地震虽然比二维地震成本高，但它提供的资料精度高，信噪比高，数据密度大，加上三维偏移能使绕射波收敛、侧面波归位，可以使断层和构造解释更加精确。同时，三维地震可以提供详细的地层、岩性信息，可以为地震地层学、层序地层学、储层预测和油气检测提供丰富的资料，可以提高钻井成功率，减少干井数目，使油田发现的总成本下降。因此，不仅在油田开发阶段，而且在勘探阶段，三维地震在识别目的层、确定油藏边界、提供正确的钻井轨迹、节约探井数目和钻井成本方面具有非常重要的作用。

三维地震技术的新进展表现在下列几个方面：

（1）利用先进的仪器设备提高野外施工效率、降低采集成本、缩短采集周期，例如，在陆上采用上千道的 24 位地震仪，海上采用一船 12 缆等；

（2）开发完善各种三维处理软件，实现全三维处理和三维叠前深度偏移；

（3）实现了全三维解释，即能够在三维空间内，精细解释地震数据体中所包含的全部信息，能够实现三维交互解释与显示地质层位、断层、不整合面等。

(二) 高分辨率地震勘探

高分辨率地震勘探是目前地震勘探的一大发展趋势。提高地震分辨率的途径和方法可以概括为三个方面：一是采用先进的震源和具有高记录动态范围、小时间采样率的先进仪器，来提高记录信号的分辨率，拓宽记录信号的频宽。二是通过严格野外设计与施工，确保能够激发、采集到高频信号，同时尽可能地扩大频宽。三是进行高分辨率处理，尤其是确保静校正的精度，恢复、提取和补偿高频成分。提高地震资料分辨率的主要方法包括精确的动校正、静校正，准确的速度分析，反褶积、反 Q 滤波、小波变换等。

(三) 叠前深度偏移与并行处理技术

叠前深度偏移是复杂地区地下构造成像的一种有效手段。20 世纪 80 年代以来，人们一直停留在二维叠前深度偏移的实验研究中，这是因为叠前深度偏移的计算量大、成本高、速度慢。进入 20 世纪 90 年代，随着功能强大的并行处理计算机的出现，使叠前深度偏移技术得以迅速发展。同时，由于勘探目标越来越复杂，也在一定程度上推动了该领域的研究。目前许多大的石油公司都在积极研究叠前深度偏移技术，二维资料的叠前偏移已经成熟，而建立准确的三维速度偏移模型，实现三维叠前深度偏移，尚在进一步的探索中。

(四) 多波多分量地震勘探

多波多分量地震勘探主要是采用多分量记录仪，系统采集纵波、横波、转换波等更多的信息，九分量地震勘探记录所包含的信息是普通地震的9倍，而采集时间仅多1/3。多波多分量地震勘探的作用主要表现在，能够提高利用地震资料确定岩性的可靠性，包括成岩作用变化、裂缝储层、岩石 - 流体性质变化等，可以用来估算孔隙度和流体成分，确定裂缝的方位、长度、各向异性，预测盆地应力的方向、相对大小、渗透率和流体的传导性等。目前，多波多分量地震尚处于实验研制阶段，其主要应用集中在储层横向预测和油藏描述之中。

(五) 井间地震与层析成像

近年来，层析成像技术和岩石物理学的发展、井下设备的研制与开发，使得井间地震在采集、处理、解释等方面取得了长足的进展。在数据采集方面，应用多级井下检波器和井下固定式检波器等先进的井下设备，大大提高了数据采集的速度；在井下激发方面，采用了先进的激发方式；在开发研究新的井间成像方法方面，不仅能够对实际井间资料进行反射波层析成像，而且能实现实际资料的弹性波成像，从而为描述井间储层非均质和复杂构造细节提供了依据。

第三节　钻完井技术

一、探井主要类型

钻井技术是发现油气田最直接的勘探技术，也是油气勘探中最重要的技术之一。按照勘探阶段的区别和研究目的的不同，探井可以分为科学探索井、参数井、预探井、评价井（包括滚动评价井）等类型。

（一）科学探索井

科学探索井简称科探井，一般是在没有研究过的新区，为了查明区域沉积层系、地层接触关系、生储盖及其组合特征等，评价盆地的含油气远景，或者是为了解决一些重大地质疑难问题和提供详细的地质资料而部署的区域探井，也可以说是在区域普查初期部署的一些重点参数井，如陕甘宁盆地陕参 1 井、吐哈盆地的台参 1 井等，胜利油田部署钻探的郝科 1 井就是一口探索整个渤海湾盆地深层含油气性的科探井。我国在 20 世纪 50、60 年代使用的"基准井"实质上就是一种科学探索井，目前这一概念已基本停止使用。

科探井的钻探深度一般较大，研究项目比较齐全，要求高。第一，要求系统取心，至少在重点层段全部取心；第二，以探地层为主，要求钻在盆地地层较全的部位；第三，要求分布均匀，对盆地有较好的控制作用。如松基 1 井、松基 2 井、松基 3 井是在松辽盆地区域普查阶段部署的三口基准井，分别位于东北隆起、东南隆起、中央坳陷三个不同构造单元的次一级构造上，它们之间相距约 100km，控制了盆地的大部分。松基 1 井和松基 2 井对建立盆地东部完整的地层剖面、了解地层层序和基底岩性特征发挥了重大作用，松基 3 井设计在坳中隆的大庆长垣上，由于发现油气层提前完钻试油，成为大庆油田的发现井。

（二）参数井

参数井与科学探索井一样也是一种区域探井，但是它比科探井更常用。它是在地震普查的基础上，以查明一级构造单元的地层发育、生烃能力、储盖组合，并为物探、测井解释提供参数为主要目的的探井。

参数井的研究项目没有科探井齐全，一般要求断续取心，要求全井段声波测井、地震测井、取心不少于进尺的 3%。其部署的主要目的在于取得地质和物探解释参数，并有侦察性找油的"先锋"作用。另外，参数井井数明显多于科探井，部署原则也较为灵活。

参数井一般以盆地为单元进行统一命名，取探井所在盆地的第一个汉字加"参"字为前缀，后加盆地参数井布井顺序号命名，如塔里木盆地塘参1井，就是部署在塔里木盆地塘古孜巴斯坳陷的第一口参数井。

(三) 预探井

预探井是在地震详查的基础上，以局部圈闭、新层系或构造带为对象，以揭示圈闭的含油气性、发现油气藏、计算控制储量 (或预测储量) 为目的的探井。根据其钻探目的的不同，又可分为新油气田预探井 (在新的圈闭以寻找新油气田为目的) 和新油气藏预探井 (在已探明油气藏的边界之外或者已探明浅层油气藏之下以寻找新的油气藏为目的)。

预探井井号一般按照区带名称或者圈闭所在地名称的第一个汉字为前缀，后加1~2位阿拉伯数字构成，如塔里木盆地塔中凸起上的塔中1井、塔中4井。有些特殊钻探目的的预探井的名称，可以根据需要在区带第一个汉字后面加上一个具特殊目的的汉字再加上顺序号构成，如以钻探轮南古潜山为目的的轮古1井、轮古2井等。

(四) 评价井

评价井又称详探井，它是在已经证实具有工业性油气构造、断块或其他圈闭上，在地震精查或三维地震的基础上，在预探所证实的含油面积上，以进一步查明油气藏类型，确定油藏特征 (原油性质、油气水界面、构造细节、油层厚度)，评价油气田规模、生产能力、经济价值，落实探明储量为目的部署的探井。

评价井的命名方法是在区带预探井汉字后加3位数字，如位于塔中4油田的塔中401井就是一口以评价塔中4油田为目的的评价井。

二、钻井技术的新进展

随着油气勘探难度的日益增加，推动了钻井技术的迅速发展。钻井设备、钻井工艺不断提高，钻井效率与钻井质量不断提高。目前资料的统计研究表明，水平井及大位移井钻井技术、深井和超深井钻井技术、老井重钻技术是钻井技术发展最为迅速的三个领域。另外一些新钻井技术还包括保护油气层技术，如钻井液配伍、欠平衡钻井等也得到了较为迅速的发展。

（一）水平井及大位移井钻井技术

为提高油井的生产能力，以少的成本获得更大的勘探效益，世界上水平井、大位移井、分支井的钻井数量上升很快，这主要得益于井下马达和产层导向技术的发展。井下马达由于不断增加马达级数，延长动力段长度使得性能逐步提高。而产层导向技术结合先进的电阻率正演模型来模拟测井响应，并直接应用于井身剖面设计和钻井过程中，可以允许在钻井作业期间随时调整钻井计划。

（二）深井和超深井钻井技术

随着勘探深度的加大，深井和超深井的钻探数量增加很快，钻井速度也得到很大的提高。在我国西部塔里木盆地的勘探中，近年钻的 4500m 以上深井占钻井总数的 80% 以上，最大井深已达 7100m。

目前，世界先进发达国家深井和超深井（平均井深 5100m）的钻井成本约为 500 万美元，一般国家则需要近千万美元。提高钻井效益、降低钻井成本成为深井和超深井钻井的主攻研究领域。近年来，在这方面取得了可喜的进展，主要表现在：

（1）运用新装备，如制造重型钻机、配备钻杆自动操作系统、改用新型钻头等，来缩短非钻进时间，特别是深井超深井和钻井作业过程中的起下钻时间。

（2）采用新工艺，如合理设计井身结构、防斜打直、减轻套管磨损、保护井眼等，来缩短建井周期，降低钻井成本，保证深井和超深井顺利钻达目的层。

（三）老井重钻技术

老井重钻一般是在发生钻井事故而报废的老井中，或者是本着特殊的勘探目的（如侧钻水平井）进行重钻作业。它与钻新井相比，由于充分利用已有的井段，其成本要低得多。通过老井重钻，可以勘探以前遗漏的可能产层，减轻或者避免产水，增大泄油面积。

为确保老井重钻取得预期的效果，保证钻井作业的顺利进行，必须结合油藏工程、岩石力学、完井工程、钻井工程等因素，进行探井工程设计。既要考虑造斜过程中尾管和油管连接的完整性，顺利下入完井装置，又要考虑造斜率对选择完井装置（油管封隔器、砾石充填装置）等的影响。

第四节　录井技术

录井技术是油气田勘探工作中不可缺少的一项基础工程，其任务是在探井中及时准确地获得反映井下地质情况的各种信息，为找油找气和安全钻井服务。它以多参数、大信息量、现场快速、实时为特点，为识别和及时发现油气层、评价油气性质、选择试油层段、进行烃源岩的评价、储层评价、产能预测等提供依据。由于探井中能取得岩心的长度与全井进尺的比例是很小的，所以至今录井工作仍是钻井过程中研究地层、油气水层的一项基本手段。

录井技术从最早岩屑捞取和观察泥浆的变化来识别钻进的地层岩性和含油气情况，发展到对岩屑进行荧光观察。20世纪60年代中期开始推广泥浆气测录井，实时地得到了泥浆中含烃量的大小变化和烃类组分，为发现油气层提供了更为及时和可靠的依据。综合录井仪的出现，其机械化、自动化程度以及录井资料的可靠程度有了大幅度的提高。

一、录井技术的主要种类

目前，录井技术的主要方法包括岩心录井、钻时录井、岩屑录井、钻井液录井、气测录井、荧光录井、地化录井等，它们从不同的角度反映了地下油气地质情况。它们的相互配合使用，一方面为油气勘探提供了丰富的地质信息，另一方面也为钻井工程的安全与高效施工提供了依据。

（一）钻时录井

钻时是指在钻井过程中单位进尺所需要的纯钻进时间，它不仅反映了地下岩石的可钻程度，而且反映了岩石的某些地质特性。地质人员利用钻时录井资料可以初步判断岩性，确定地层界线（如取心位置、地层界面、潜山顶面等），判别裂缝发育层段、放空、井漏、井喷位置，校正迟到时间等。而钻井工程人员可以利用钻时资料进行时效分析，判定钻头的使用情况，改进钻井措施，预测地层压力。

（二）岩屑录井

在钻井过程中，录井人员依据设计取样间距和质量要求，根据迟到时间将返到地面上来的岩屑，在指定的取样系统收集整理、加工制作、观察描述、选样分析，来进行准确的岩石定名，编制综合地质剖面，了解井下油气水层的位置和显示程度，为及时发现和保护油气层，卡准取心层位提供依据。

（三）岩心录井

为了做到既高速度又高质量地进行油气勘探，进行必要的岩心录井工作是非常重要的，它是取得第一性地质资料的唯一手段，它包括钻井取心和井壁取心。其重要意义在于能够为沉积环境研究、地层划分与对比、储层四性关系研究、储量计算、采取合理的油气层保护措施提供第一手资料，同时可以为烃源岩评价、油气田评价、指定开发方案提供依据和参数。

（四）钻井液录井

钻井液俗称"泥浆"，利用钻井液在钻进过程中的性能变化特征可以研究井下油气水的情况，判定特殊岩性（盐层、石膏、疏松砂岩、自造浆泥岩等）；利用入口和出口泥浆排量、泥浆密度、温度的变化可以发现漏失层和高压层等。任何类别的探井，在钻进过程中必须实施钻井液录井工作。

（五）气测录井

气测录井是利用专门的仪器检测钻井液中从井底返到井口所携带的烃类气体而寻找地下油藏的一种录井方法。其最大的优点在于随钻随测，不需停钻就能及时方便地发现油气显示。在高压天然气地区的勘探中，还具有及时预报油气层，防止发生钻井工程事故的重要作用。利用气测录井得到的钻井液中甲烷、乙烷、丙烷、正丁烷、异丁烷、正戊烷、异戊烷等轻烃组分含量，可以发现油气显示，识别油气水层，判断油气性质。

(六) 荧光录井

荧光录井是目前常用也是发展极为迅速的一门录井技术。利用荧光录井资料可以较为灵敏地发现肉眼难于鉴定的油气显示，如挥发快的轻质油层；利用荧光录井资料可以方便地区分油质和油气显示级别，为油气层测试提供可靠的依据。目前，荧光录井发展最活跃的领域是定量荧光技术和三维全扫描荧光技术。

(七) 地化录井

地化录井虽然是一种起步较晚的录井方法，但近年发展异常迅速，它以岩石热解色谱录井为代表。在烃源岩评价方面，可以用于确定有机质类型，评价生烃潜力；在储层评价方面，可以用以快速评价储层物性、产液类型、原油物性。与其他录井方法相比，其评价方法更加简单易行，评价结果的定量化程度也较高。

二、综合录井技术及其作用

由于综合录井技术具有随钻性、实时性、信息多样化和定量化的特点，目前已经成为探井录井技术的龙头。通过在钻台上、钻井液循环通道上、钻具等相关部位安装一定的采集工具，可以获得工程信息 (钻压、钻速、扭矩)、钻井液循环动态信息 (出口和入口的泥浆排量、泥浆池的体积变化、应管压力、套管压力)、钻井液性质信息 (电阻率、密度、温度)、气测信息和随钻测量信息等 (自然伽马、声波、孔隙度、密度等)。综合录井在钻探中的作用主要表现在：

(1) 综合录井是钻探的信息中枢，通过它可以得到连续自动记录、种类齐全、定量化的各种信息。钻井作业中各种状态及钻遇地层的各种信息都汇集在录井提供的信息中，钻井工程需要按录井传送的信息不断地变动运行参数，以确保油气层的发现和安全快速钻进。钻井过程中，依据井下情况，要调整钻井液特性，其依据是录井提供的监测信息。至于中途测试或试油作业的层位和深度就更离不开录井信息。测井原本是检测钻开井身剖面地质性质的技术，但需要在起钻后作业，此时裸眼层面已受到钻井液污染，故常收集录井信息以使其解释可靠。综上所述，录井的信息中枢地位是不容置疑的。

（2）综合录井可有效进行油气层钻达的预报。油气钻探的目的就是寻找油气层，人们总希望在钻遇油气层前有个预报，以便做好技术准备，取全取准油气层的诸多信息和化解可能发生的风险。而现代综合录井系统在检测泥砂岩剖面上的盖层技术比较成熟，在录井中，每个油气层的盖层都有明显信息特征。综合录井通过检测到的这些信息特征可实现"将要钻遇油气层"的预报。

（3）综合录井可以更好地提供钻遇地层含油气水情况。以前单独使用气测仪检测油气藏信息，其局限性在于不能给钻井施工提供钻井风险征兆的信息，特别是井涌、井喷先兆信息。在这种条件下，钻井不得不采用更加"安全"的施工参数钻进，通常是井下钻井液的压力大于地层孔隙压力，这就限制了地层气体进入井筒，从而导致地面气显示微弱。这样，气测仪就难以发挥检测油气的功能。在使用综合录井技术的条件下，录井不仅可以提供井涌信息，还可以检测盖层的钻遇，这样钻井施工具有安全感。当钻开可能油气层 1~2m，综合录井就可提供可能钻到储油的渗透层信息。尽管还不能立即确定是否为油气层，但可以采取停止钻进转为地质循环的措施，等待井底钻井液返出地面井口，检测钻井液携带出来的气体和岩屑信息，判断新钻遇地层油气层或水层。

（4）录井可以有效化解钻探风险，保障钻井安全。在钻井施工中，往往有险情发生，为排除这些险情，及时提供相关信息极为重要。综合录井可提供这方面的信息，以便较早地采取措施排除风险，如井涌、井漏、钻具遇卡遇阻、掉落钻具、钻杆刺漏、钻头泥包等险情。

（5）综合录井仪可以最大限度地保护油气层，防止地层污染。地层污染主要源于钻井液密度过高或过低。发生较重的井漏将对油气层产生破坏性污染，不仅可能报废这口探井，还可能漏掉一个油田。有这样一口探井，在钻穿盖层后两米，综合录井就发现了油气层存在，接着进行中途地层测试，获日产油 400t、气 $9×104m^3$ 的高产油气流。完钻后综合录井撤出井场，改由钻杆进行完井测试，由于撤掉了综合录井信息监测系统，测试作业者不得不采用保守的钻井液参数作业，加重了钻井液密度造成井漏，测试一年没有见到油气。这口井花费数千万元得到一个"谜"——见油不出油，使得这个油田的发现推迟了一年多。

第五节　测井技术

测井作为井中地球物理勘探的主要方法，与地面地球物理勘探（重磁电勘探和地震勘探等）相比，具有自己的优势和特点。地面物探主要是用来进行盆地、区域或局部的构造分析，以寻找有利的油气聚集场所和局部圈闭为目标，在平面上覆盖面广，信息连续；而测井的主要特点是垂向上提供数量大、信息连续的资料，为认识地下地层岩性、物性、含油性，研究沉积相，探测裂缝，确定地层异常压力，进行储量计算，检测钻井工程质量等提供依据。

测井技术的发展非常迅速，在经历了光点记录、模拟磁带记录、数字记录的巨大飞跃之后，已经开始由传统的方法向多样性、先进性的方向继续发展。归纳起来，主要表现在以下六个方面：一是测井地面系统向重量轻、成本低、功能强的方向发展。斯伦贝谢公司于 20 世纪 90 年代初推出的 MAXIS Express 系统，只需要一名工程师和技术操作员。阿特拉斯公司也推出了类似的地面系统。二是电阻率测井开始由裸眼井电阻率测井向过金属套管测井方向迈进。由斯伦贝谢公司新近推出的一种微电阻率测井仪隔着金属套管，可以准确确定冲洗带电阻率和可动油饱和度。三是声波测井发展异常迅速。横波声波测井仪已经诞生，渗透率测井仪、声波地层倾角测井仪也测试成功。四是核测井和核磁测井技术正突飞猛进。新型的能谱密度、中子和自然伽马组合测井可以对密度和自然伽马测量进行全谱分析，而以前的仪器只能进行窗口处理。五是探测器高分辨率岩性测井仪、套管井脉冲中子俘获测井仪、次生伽马能谱测井仪、核磁共振成像测井仪的问世，为准确进行储层评价提供了新的手段。六是成像测井技术的发展。目前所具有的声波成像、井下电视、电阻率成像测井已经被广泛地应用于确定地层倾角，探测裂缝，定量评价薄层，确定孔洞位置。高分辨率成像测井为地层解释、储层评价提供了更为直观、更加逼真的资料。

第六节　试油及油气层改造技术

一、测试与试油技术

　　油层测试与试油工作是油气勘探中及时、准确、直接地评价油气层的重要手段，是对能否获得油气流的最后"确诊"。测试和试油取得的数据主要包括：①油分析数据，如密度、黏度、凝固点、含水、含盐、含碱、初馏点、馏分等；②天然气分析数据，包括相对密度、组分及百分含量、临界温度与压力等；③地层水分析数据，包括密度、pH 值、各种离子的含量、总矿化度、水型；④高压物性油气水分析数据；⑤油气水产量、油气比、压力资料(油压、套压、流压、静压)、温度数据(井口温度、流温、净温、地温梯度)、含水量、含砂量、高压物性与地面油气水资料。通过对这些资料的综合分析，可以确定油气层的产量(油气水产量)、压力(静压、流压)、产能、有效渗透率、表皮系数、串流系数等。

　　对于探井而言，试油方式可分为原钻机试油和完井常规试油两种。一般情况下，针对预探井、评价井和滚动勘探开发阶段的探井，都是在完井后由专业试油队进行常规完井试油。对于区域探井(科探井和参数井)和部署重要的预探井，当探井钻遇到良好的油气显示层、明显的气测异常段、钻井液的大量漏失段、钻时明显加快或者放空的层段时，现场地质录井人员就应该及时整理油气层的资料，经过科学细致的分析，提出测试意见，为及时发现油气层，防止油气层污染提供依据，这种测试方式称为原钻机试油。因此，试油方式选择的一般原则是：区域探井和部分预探井，对及时发现的重要油气层要进行中途测试和原钻机试油；预探井要自上而下分层试油，逐层逐段搞清；评价井的完井试油一般是根据产层和认识有争议的界限层选择典型井段试油，目的是取得油气层评价的有关资料；而滚动勘探开发阶段的评价井，应针对预探井和评价井未认识的储层和遗留问题，选择相关的层段进行完井试油。

　　早期的测试技术是与完井作业联系在一起的，测试手段相当简单，无非完井测压、替喷、抽汲、提捞等，由于测试装备较落后，很影响取得评价油气层资料的时间和资料的准确性，且测试效率低。钻杆测试技术（DST）

和过油管射孔技术的出现，是测试工作中一项划时代的改革。由于它能够在钻井过程中对刚钻遇的油气显示层立即进行测试评价，从而最大限度地减轻了泥浆对油气层的侵害，是快速、经济、准确的一项关键技术。而且测试资料经数字处理后很直观。根据地层测试资料还可推算油水界面位置，对早期估算油气藏储量是一项重要资料。过油管射孔技术可在完井阶段不需压井进行作业。由于射孔时油管已下到预定油气层的深度不需重泥浆压井，既保护油气层又可及时得到测试结果，大大提高了测试的速度。

二、油气层改造技术

(一) 水力压裂

1. 增产原理

水力压裂是指利用地面高压泵组，将高粘液体以大大超过地层吸收能力的排量注入井中，在井底憋起高压，当此压力大于井壁附近的地应力和地层岩石抗张强度时，在井底附近地层产生裂缝。继续注入带有支撑剂的携砂液，裂缝向前延伸并填以支撑剂，关井后裂缝闭合在支撑剂上，从而在井底附近地层内形成具有一定几何尺寸和导流能力的填砂裂缝，使井达到增产增注目的的工艺措施。

导流能力是指形成的填砂裂缝宽度与缝中渗透率的乘积，代表填砂裂缝让流体通过的能力。

(1) 形成的填砂裂缝的导流能力比原地层系数大得多，可大几倍到几十倍，大大增加了地层到井筒的连通能力。

(2) 由原来渗流阻力大的径向流渗流方式转变为双线性渗流方式，增大了渗流截面，减小了渗流阻力。

(3) 可能沟通独立的透镜体或天然裂缝系统，增加新的油源。

(4) 裂缝穿透井底附近地层的污染堵塞带，解除堵塞，因而可以显著增加产量。

2. 造缝机理

在水力压裂中，了解造缝的形成条件、裂缝的形态 (垂直或水平)、方位等，对有效地发挥压裂在增产、增注中的作用都是很重要的。在区块整体压裂改造和单井压裂设计中，了解裂缝的方位对确定合理的井网方向和裂缝几何参数尤为重要，这是因为有利的裂缝方位和几何参数不仅可以提高开采速度，而且可以提高最终采收率；相反，则可能会出现生产井过早水窜，降低最终采收率。

（1）裂缝起裂和延伸。造缝条件及裂缝的形态、方位等与井底附近地层的地应力及其分布、岩石的力学性质、压裂液的渗滤性质及注入方式具有密切关系。

地层开始形成裂缝时的井底注入压力称为地层的破裂压力。破裂压力与地层深度的比值称为破裂压力梯度。

（2）裂缝形态。一般情况下，地层中的岩石处于压应力状态，作用在地下岩石某单元体上的应力为垂向主应力和水平主应力。

作用在单元体上的垂向主应力来自上覆层的岩石重量，它的大小可以根据密度测井资料计算。

在天然裂缝不发育的地层，裂缝形态（垂直缝或水平缝）取决于其三向应力状态。根据最小主应力原理，裂缝总是产生于强度最弱、阻力最小的方向，即岩石破裂而垂直于最小主应力轴方向。

3. 压裂设计

压裂设计是压裂施工的指导性文件，它能根据地层条件和设备能力优选出经济可行的增产方案。由于地下条件的复杂性以及受目前理论研究的水平所限，压裂设计结果（效果预测和参数优选）与实际情况还有一定的差别，随着压裂设计的理论水平的不断提高，对地层破裂机理和流体在裂缝中流动规律认识的进一步深入，压裂设计方案对压裂井施工的指导意义会逐步有所改善。

压裂设计的基础是对压裂层的正确认识，包括油藏压力、渗透性、水敏性、油藏流体物性以及岩石抗张强度等，并以它们为基础设计裂缝几何参数，确定压裂规模以及压裂液与支撑剂类型等。施工加砂方案设计及排量等受压裂设备能力的限制，特别是深井破裂压力大，要求有较高的施工压力，对设备的要求很高。

压裂设计的原则是最大限度地发挥油层潜能和裂缝的作用，使压裂后油气井和注入井达到最佳状态，同时还要求压裂井的有效期和稳产期长。压裂设计的方法是根据油层特性和设备能力，以获取最大产量（增产比）或经济效益为目标，在优选裂缝几何参数基础上，设计合适的加砂方案。压裂设计方案的内容包括：裂缝几何参数优选及设计；压裂液类型和配方的选择；支撑剂选择及加砂方案设计；压裂效果预测和经济分析；等等。对区块整体，压裂设计还应包括采收率和开采动态分析等内容。

（二）酸处理

酸化是油气井增产、注入井增注的又一项有效的技术措施。其原理是通过酸液对岩石胶结物或地层孔隙、裂缝内堵塞物（黏土、钻井泥浆、完井液）等的溶解和溶蚀作用，恢复或提高地层孔隙和裂缝的渗透性。酸化按照工艺可分为酸洗、基质酸化和压裂酸化（也称酸压）。酸洗是将少量酸液注入井筒内，清除井筒孔眼中酸溶性颗粒和钻屑及结垢等，并疏通射孔孔眼；基质酸化是在低于岩石破裂压力下将酸注入地层，依靠酸液的溶蚀作用恢复或提高井筒附近较大范围内油层的渗透性；酸压（酸化压裂）是在高于岩石破裂压力下将酸注入地层，在地层内形成裂缝，通过酸液对裂缝壁面物质的不均匀溶蚀形成高导流能力的裂缝。

（三）酸化压裂技术

用酸液作为压裂液，不加支撑剂的压裂称为酸化压裂（简称酸压）。酸压过程中，一方面靠水力作用形成裂缝，另一方面靠酸液的溶蚀作用把裂缝的壁面溶蚀成凹凸不平的表面。停泵卸压后，裂缝壁面不能完全闭合，具有较高的导流能力，可达到提高地层渗透性的目的。

酸压和水力压裂增产的基本原理和目的都是相同的，目标是为了产生有足够长度和导流能力的裂缝，减少油气水渗流阻力。主要差别在于如何实现其导流性，对水力压裂，裂缝内的支撑剂阻止停泵后裂缝闭合，酸压一般不使用支撑剂，而是依靠酸液对裂缝壁面的不均匀刻蚀产生一定的导流能力。因此，酸化压裂应用通常局限于碳酸盐岩地层，很少用于砂岩地层，因为即使是氢氟酸也不能使地层刻蚀到足够的导流能力的裂缝。但是在某些含有碳酸盐充填天然裂缝的砂岩地层中，使用酸化压裂也可以获得很好的增产效果。

与水力压裂类似，酸压效果最终也体现于产生的裂缝有效长度和导流能力。对酸压，有效的裂缝长度是受酸液的滤失特性、酸岩反应速度及裂缝内的流速控制的，导流能力取决于酸液对地层岩石矿物的溶解量以及不均匀刻蚀的程度。由于储层矿物分布的非均质性和裂缝内酸浓度的变化，导致酸液对裂缝壁面的溶解也是非均匀的，因此，酸压后能保持较高的裂缝导流能力。

第七节　分析化验技术

实验室测试分析技术是油气系统工程的重要组成部分，与地质调查技术、井筒技术所不同的是，它是以实验室仪器设备、测试工具、模拟装置为手段，对油气勘探过程中所需要的岩石、沥青、油气水等样品进行直接分析，为地质研究提供资料。

随着仪器仪表工业的发展，新仪器的不断涌现，同时伴随计算机技术广泛应用，石油地质实验室分析有了飞跃发展，为油气勘探提供了越来越多的研究手段。目前，国际上石油地质实验测试仪器正向自动化、计算机化和多机联机（显微镜、计算机图像处理）方向发展。为了适应油气勘探开发的需要，近年来世界上相继提出并发展了一系列新的测试分析技术，主要集中在有机地球化学、沉积储层、地层学研究等领域。

一、有机地球化学测试分析技术

有机地球化学测试分析是目前地质实验分析技术最活跃的领域，其具有代表性的前沿技术主要如下。

(一) 岩石超临界抽提技术

传统的抽提方法都是用液态氯仿进行抽提，研究表明，这种方法对可溶有机质抽提很不完全。近年来，开发采用超临界方法抽提，选用一种抽提物并将其加热到液态至气态的临界状态，这种高密度流的气态物质具有很强的抽提能力，尤其对于煤和碳酸盐岩等吸附性强的烃源岩，可以明显改善抽提效果。

(二) 有机岩石学分析测试技术

采用全岩光薄片新技术可以将烃源岩不经过干酪根处理直接磨成光薄片，同时在显微镜下进行透射光、反射光、荧光分析和鉴定以及确定烃源岩中有机质显微组分丰度、类型及成熟度，为显微组分的生烃特征研究提供直观资料，是一项评价烃源岩的新手段、新方法。

(三) 岩石热解分析技术

该技术最早由法国石油研究院提出，近年来发展很快，尤其经我国北京石油勘探开发科学研究院实验中心对岩石热解仪进行改造，大大扩展了其功能和研究价值。除了可以对烃源岩进行分析评价外，还能对储层进行含油气性和油气性质的评价。

(四) 碳同位素分析测试技术

近年来应用于石油地球化学的碳同位素分析技术发展较快，在以往测总碳同位素的基础上，发展成为测单体的碳同位素，目前已能测正构烃、异构烃。环烷烃单体的碳同位素，对油气源对比、形成环境研究具有重要意义。

(五) 显微红外分析技术

目前世界上把有机质显微组分观察与红外光谱测定结合起来，对干酪根显微组分的化学组成、结构研究更加深入，对各显微组分的生烃潜力评价提供了更有效的参数。

二、储层测试分析技术

储层测试分析技术发展最迅速的，当推油藏地球化学分析技术、包裹体分析技术、图像分析处理技术。

(一) 油藏地球化学分析技术

近年来，由于地球化学与储层研究的紧密结合，开始形成一门新兴学科——储层地球化学。在勘探阶段经常利用储层地球化学分析技术开展两方面的研究。第一是储层次生孔隙分布预测。20 世纪 80 年代末由 Sudam 等提出的有机、无机相互作用为主导的次生孔隙成因机制的研究，使得人们将烃源岩、储层和孔隙流体作为一个完整的成岩系统来研究储层孔隙演化的过程和规律，并可以根据地球化学趋势来预测次生孔隙发育带。第二是油藏注入史的研究。该技术以直接的地球化学标志来探讨烃类注入油藏空间的发育历史，解决仅仅依靠地质及地球物理资料无法解决的成藏机制和成藏史的研究问题。勘探家可以通过高密度采样分析，观察油样中原油的细微变化，去认识烃类向储层集汇的成熟度差异和时间差异，用以研究油藏注入史。

(二) 包裹体分析技术

包裹体分析除了可以利用均一法及冷冻法测定包裹体流体的形成温度、压力、盐度、密度、pH、Eh 值外，还可以开展包体成分测定、同位素组成，尤其是烃类 (包括液体烃类) 包体成分。而流体包裹体记录了烃类流体和孔隙水的性质、组分、物化条件和地球动力学条件，对储集岩成岩矿物中流体包裹体进行类型、特征、丰度、组分等对比研究，对于了解盆地流体 (烃类和水) 的动力状况和相对时间，确定烃类运移的时间、深度和运移相态、方向和通道，为重建储层的孔隙演化史、油气运移史、构造运动史的研究，提供最直接、最可靠的地质信息资料。

(三) 图像分析处理技术

目前国内外正大力发展图像处理技术，以研究储层的微观孔隙结构及其非均质性。主要表现在以下三方面：①荧光显微镜彩色图像处理，主要对储油气岩石中烃类发光颜色、含量、范围进行图像处理，并得到定量分析结果；②扫描电镜能谱图像处理，对砂岩孔隙结构图像进行处理，得到孔隙结构的定量数据；③薄片图像处理。

三、地层学非常规测试分析技术

地层学是地质勘探工作的基础，由于常规的古生物地层学对地层的划分与对比存在一定局限性，近年来，一些非常规的地层学测试及研究方法相继出现，并取得了迅速发展，主要表现在磁性地层学、同位素地层学两个主要方面。

(一) 磁性地层学分析

磁性地层学的研究主要是通过采集样品送实验室进行退磁处理之后，再利用原生剩余磁性的方向进行数据处理、换算，得出研究岩石剩余磁性的极性、平均剩余磁方向以及所在地质时期的古地磁极位置与产地所处的古纬度。还可以利用原生剩余磁性的强度数据经过换算得出当时的地球磁场强度。因此，它主要是依据岩石层序中的磁学属性所建立的极性单位来进行地层层序划分与对比。与生物地层学相比，它具有可以在不同地区、不同沉积相地层中进行对比的特点。

(二) 同位素地层学分析

同位素地层学分析实际上包括了同位素地质年代学和稳定同位素地层学两个主要方面。同位素地质年代学的理论依据是，当岩石或矿物在某次地质事件中形成时，放射性同位素以一定的形式进入岩石、矿物内，以后不断地衰减，放射成因的稳定子体含量随之逐渐增加。因此，只要体系中母体和子体的原子数变化是放射性衰变形成的，那么通过准确测定岩石、矿物中母体和子体的含量，就可以根据放射性衰变定律计算出该岩石、矿物的地质年龄 (同位素年龄)。而稳定同位素地层学则是利用稳定同位素组成在地层中的变化特征进行地层的划分和对比，确定地层的相对时代，探讨地质历史中发生的重大事件。目前，稳定同位素地层学分析主要集中在氧同位素和碳同位素两个方面。

第八节　野外地质工作方法

油气野外地质调查 (Field Geological Survey For Oil and Gas)，是指以寻找石油和天然气为目的，对某一地区地面上的岩石、地层、构造、油气苗、水文地质、地貌等进行地质填图或专题研究。野外地质调查一般要经过三个步骤。开始时，对情况不明的大面积的新地区进行普查；在普查基础上缩小范围，选出最有希望的地区进行详查；最后在详查基础上，选出最有可能储藏油气的构造或地区进行细测。实际上，这三个步骤的工作都是围绕以上五个方面的内容，由粗到细来进行的。不过，不同步骤中分别要求的工作范围大小、工作程度深浅以及工作精度等都是不相同的。

我国在20世纪60年代之前，野外石油地质调查是寻找油气田的主要方法，取得了很大成绩。早在抗日战争时期，为解决国家用油之需，由地质家孙健初先生等先辈，在玉门找到了老君庙油田。一批新中国的石油工业的开创者们，又在新疆的准噶尔盆地发现了克拉玛依大油田，在青海的柴达木发现了冷湖油田，等等。

在野外石油地质调查过程中，地质工作者携带简单的工具，通常包括地形图、指南针（罗盘）、小铁锤、经纬仪等，在事先选定的地区内，按规定的路线和要求跋山涉水、穿越林海，或者是踏戈壁、卧沙漠，整日风餐露宿，艰苦工作，完全是以徒步"旅行"来进行找油找气的实地考察和测量。这项工作既是寻找油气田的开端，又是实施其他技术前的基础性工作。因此，野外石油地质调查是极有意义的开创性工作。

野外地质调查的主要任务和工作方法是：

（1）明确一个地区的地层状况。即要调查清楚预定范围有哪些岩石出现（火成岩、沉积岩、变质岩）以及它们的分布情况。通过地层分布情况，就可以明确古代的湖泊和海洋的分布范围。对沉积岩地层，还要进一步研究清楚它们分别属于哪个地质时代，是河流沉积、湖泊沉积还是海洋沉积，这些都要一一地填写到事先准备好的地形图上去，这称为"地质填图"。根据寻找油气的需要，对于不同的地质时期的沉积地层，要调查清楚它们的岩性变化、地层厚度、沉积是否连续、有无破坏性的地质变迁的影响等，这些都要在野外进行实地的观察、描述（记录）和测量。最后，在室内，根据这些资料整理和绘制出这个地区的地层分布图、地层厚度变化图等。依据这些资料，也就可以研究出有无石油生成的可能性，以及提出哪里是有利的生油地区等具体结论。

（2）发现地质圈闭和调查其他地质构造情况。寻找油气的一个重要环节是要找到地质圈闭。

（3）发现和调查油气苗。油气苗是指地下已经生成的石油或天然气，或在运移过程中，或已经储集以后又遭破坏，沿一定的通道跑到地面的产物。油气苗的形态很多。有的含油气地层大面积的裸露地表，像柴达木盆地的油砂山、克拉玛依的黑油山等。有的通过地层断裂，至今还在不断往地面冒出油气流，流向低洼地或沟川之中，被称为"石油沟""石油河"等。还有的从地下渗到地面后，由于在地面长时间的挥发和氧化，逐渐变成又黑又稠的石油，甚者变成沥青和地蜡。还有一种看不见的油苗，它们存在于岩石之中，包括碳酸盐岩的晶洞、砂砾岩的粒间孔隙或裂缝中的原油，在野外工作时，用小铁锤打开岩石，原油暴露出来，有着特殊的气味。气苗要比油苗活泼得多，出现在水塘中的气苗，水中会不断冒出气泡。根据单位时间单位面积内冒出气泡的多少，可以判别产气量的大小。

（4）采集样品。按要求采集不同地层的各类岩石样品、化石、油气苗、水化学分析样品、土壤样品等，分析是否存在生油区和聚油区、储集层的物理性质及判断地质时代及湖泊、海洋的沉积物等。

（5）提出有利的找油地区及可供钻探的地质圈闭。这是石油地质调查的目的，也是此项工作的根本性任务。

我国大规模地应用这种方法主要是在 20 世纪 60 年代之前。新中国成立以后，即在 20 世纪 50 年代，一方面进行全国性的、大范围的石油地质普查，基本调查清楚沉积岩的分布范围；另一方面，对出露地面的圈闭进行研究和钻探，找到了一批油气田。到 20 世纪 60 年代以后，寻找油气田的工作方法、主要力量已转到了大面积覆盖地区，使用的技术手段主要是地球物理找圈闭的勘探方法。现在地面区域地质的一些工作，也被遥感物探技术代替。

第三章　油气田开发

第一节　油气藏开发方案编制概述

一个含油气构造经过初探，发现工业油气流以后，紧接着就要进行详探并逐步投入开发。所谓油气田开发，就是依据详探成果和必要的试油、试采资料，在油气藏评价的基础上对具有工业价值的油气田，按国内外石油市场发展的需求运作，以提高油气田开发效益和最终采收率为目的，根据油气田的开发地质特征，制订合理开发方案，并对油气田进行建设和投产，使油气田按方案规划的生产能力和经济效益进行生产，直至油气田开发结束的全过程。其中，制订合理的开发方案是实现开发目的的基础。

一、油气藏开发方案编制的目的及意义

油气藏开发是一个人才密集、技术密集和资金密集型的产业，投资巨大。编制油气藏开发方案是建立在油气藏评价的基础之上的，并综合当时的政策、法律、油气田地质条件和工艺技术，从多个开发方案中优选出实用、经济、先进的方案，对油气藏开发所作出的全面部署和规划。因此，其目的是科学规划和指导油气藏的开发，确保油气藏开发获得最大的经济采收率和利润。油气藏开发方案编制的主要意义在于，其方案是油气田开发的纲领性文件。通过编制油气藏开发方案，可减少开发决策失误，降低油气藏开发投资风险，确保油气藏在预期的开发期内保持较长时间的稳产、高产和获得最大的利润。

二、油气藏开发方案编制的指导思想与基本原则

(一) 指导思想

油气藏开发的主体为企业，企业追求的目标是利润最大化，这就要求

在开发过程中努力降低成本，提高对市场经济的适应能力和抗风险能力。同时，油气又是一种不可再生资源，要求在开发过程中要最大化合理利用资源。这些因素决定了编制开发方案过程中要针对不同类型油气藏，采用先进实用的技术不断降低开发成本，提高开发水平和油气藏的最终采收率。因此，编制开发方案的指导思想为"以经济效益为中心，市场为导向，通过加大科技投入，优化产量结构、降低成本，充分发挥油气藏潜能，不断提高油气藏开发水平和最终采收率"。

(二) 基本原则

油气藏开发方案设计要坚持少投入、多产出，具有较好的经济效益；并根据当时当地的政策、法律和油田的地质条件，制定储量动用、投产次序、合理采油速度等开发技术政策，保持较长时间的高产、稳产。因此概括地讲，油气藏开发方案编制需遵循以下三个基本原则：

(1) 目标性原则。油气藏开发方案是石油企业近期与长远目标，速度与效益，近期应用技术与长远技术储备的总体规划。其目的是规范和指导油气藏的科学开发，获得最大的经济采收率和最大利润。因此，经济效益是油气藏开发方案编制的评价目标，油气藏开发方案中的各项指标必须全面体现以经济效益为中心。如采油速度和稳产期指标，一方面要立足于油气田的地质开发条件、工艺技术水平以及开发的经济效果，另一方面要应用经济指标来优化最佳的采油速度和稳产期限。

(2) 科学性原则。油气藏开发方案以油气藏评价为基础，故方案编制过程中，尽可能全面合理体现出油气藏的本质特征，对油气藏的开发井网、开发方式、开发速度、开发层系等重大问题应进行科学论证，同时通过多目标方案优选，确保油气藏开发的科学性。

(3) 实用性原则。在编制过程中，对实施的内容、工作量和措施须作出明确的规定，使方案在实施过程中具有较强的针对性和可操作性，即遵循实用性原则。

(三) 其他原则

不同类型油气藏在开发过程中的侧重点不同，因此在遵循基本原则的同时，编制开发方案时具体原则也有所区别。例如：

（1）大型、中型砂岩油藏若不具备充分的天然水驱条件，必须适时注水，保持油藏能量开采。一般不允许油藏在低于饱和压力下开采。

（2）低渗透砂岩油藏由于储层致密、自然产能低、油层导压系数低，易在钻井、修井过程中受污染，因此在技术经济论证的基础上采取低污染的钻井、完井措施，早期压裂改造油层，提高单井产量。具备注气、注水条件的油藏，要保持油藏压力开采。

（3）含气顶的油藏要充分考虑气顶能量的利用。具备气驱条件的要实施注气开采；不具备气驱条件的，可考虑油气同采，或保护气顶的开采方式，但必须严格防止原油窜入气顶，造成资源损失，要论证射孔顶界位置。

（4）边水、底水能量充足的油藏要充分利用天然能量开采，重点研究合理的采油速度和生产压差，计算防止底水锥进的极限压差和极限产量，论证射孔底界位置。

（5）裂缝性层状砂岩油藏由于裂缝发育，注水开发过程中易发生爆性水淹，影响开发效果和采收率，因此对需要实施人工注水的油藏，重点要认清裂缝发育规律。在认清裂缝发育规律的基础上，模拟研究最佳井排方向，考虑沿裂缝走向部署注水井，掌握适当的注水强度，防止注入水沿裂缝方向水窜，导致油井过快水淹。

（6）高凝油、高含蜡的油藏，在开发过程中油井易结蜡，造成卡泵现象，地面管线因油温低易堵塞，因此必须注意保持油层温度、井筒温度和地面温度。注水开发时，注水井应在投注前采取预处理措施，防止井筒附近油层析蜡，造成储层堵塞，注水压力上升，注不进水。此外，油井要优化设计，控制井底流压，防止井底附近大量脱气产生析蜡而堵塞地层。

（7）重油油藏在经济、技术条件允许的情况下，采用热力开采。

三、油气藏开发方案的内容

在编制油气藏开发方案之前，必须收集齐大量的静、动态资料。在开发方案设计之前，对油气藏各方面的资料掌握得越全面越细致，做出的开发方案就会越符合实际。对某些一时弄不清楚的，开发方案设计时又必需的资料，则应开展室内试验和开辟生产试验区。一个完整的油气藏开发方案应当包括地质方案与工艺方案。地质方案是规划油气藏开发的基本纲领与具体路线，工艺方案则是规划实现地质方案的基本手段和技术措施。一般地说，油气藏开发方案报告中应包括以下内容：油气藏概况、油气藏地质特征、油气藏开发工程设计、钻井与采油工程和地面建设工程等方面的设计要求和方案实施要求。

油气藏概况中应包括的内容：油气藏地理位置、构造位置、含油面积、地质储量、勘探简况和试油情况等。涉及的地质基础资料和图表有：油气藏地理位置图、油气藏地貌图、油气藏区域地质构造图、勘探成果图和储层综合柱状剖面图等。

油气藏地质特征中应包括的内容：构造及储层特征、流体性质、油气藏温度及压力系统、储量分布。涉及的基础资料和图表有：构造图，含油面积图，油气藏纵横剖面图，沉积相带图，小层平面图，油层厚度、孔隙度、渗透率等值线图，毛细管压力曲线，原油高压物性曲线，原油黏温曲线，相对渗透率曲线，温度压力与深度关系曲线等。如缺少相关资料，可采用类比方法或经验方法借用同等类型油气藏资料。

油气藏开发工程设计应包括的内容：开发层系的合理划分，合理井的网密度设计，油气藏驱动方式，油井举升方式及合理工作制度，布井方式，注水开发油气藏合理注水方式及最佳注水时机，油气藏压力水平保持，合理采油速度，稳产年限及最终采收率预测，油气田开发经济技术指标预测、多方案优化和方案实施要求。涉及的基础资料和图表有：油气水性质，压力资料，试油成果，试井曲线，试采曲线，试验区综合开采曲线及吸入能力曲线，各方案单井控制地质储量，可采储量关系曲线，各方案水驱控制程度关系曲线，各方案动态特征预测曲线，各方案经济指标预测曲线，方案经济敏感性分析，推荐方案开发指标预测曲线和设计井位图等。

钻井工程、采油工程、地面建设工程设计的内容包括：钻井和完井的工艺技术与措施，储层保护措施，油水井投产投注的射孔工艺技术与措施，采油工艺技术与增产措施，油气集输工艺技术，注水工艺技术等。钻井工程、采油工程、地面建设工程的设计总体上既要满足油气藏开发工程设计的要求，又要努力应用新工艺、新技术，降低投资成本，提高经济效益。

四、油气藏开发方案编制的步骤

依据上述油气藏开发方案的内容，从开发地质角度看，核心为油气藏地质特征设计和油气藏开发工程设计。具体步骤分为：

(一) 综述油气藏概况

油气藏概况主要描述油气藏的地理位置、气候、水文、交通及周边经济情况，阐述油气藏的勘探历程和勘探程度，介绍油气田开发的准备程度。具体包括：发现井、评价井数量及密度，地震工作量及处理技术，地震测线密度及解释成果，取心及分析化验，测井及解释成果，地层测试成果，试采及开发实验情况，油气藏规模及含油气地层层系。

(二) 分析油气藏地质特征

油气藏地质特征主要包括：油气藏的构造特征、储层特征、流体特征、压力与温度系统、渗流物理特征、天然能量分析、储量计算与评价。

(三) 编制油气藏开发设计方案

油气藏开发设计应坚持少投入、多产出、经济效益最大化的开发原则。主要包括开发层系确定、开发方式确定、采油 (气) 速度和稳产期限确定、开发井网确定、开发指标确定等内容。

（1）确定开发层系：一个开发层系是由一些独立的、上下有良好隔层、油层物性相近、驱动方式相近、具备一定储量和生产能力的油气层组合而成的，它用一套独立的井网开发，是最基本的开发单元。

（2）确定开发方式：在开发方案中必须对开采方式做出明确规定。对必须注水开发的油田，则应确定早期注水还是晚期注水。

（3）确定采油 (气) 速度和稳产期限：采油速度和稳产期的研究，必须立足于油气田的地质开发条件、工艺技术水平以及开发的经济效果，用经济指标来优化最佳的采油速度和稳产期限。

（4）确定开发井网：井网部署应坚持稀井高产的布井原则。合理布井要求在保证采油速度的前提下，采用井数最少的井网，并最大限度地控制地下储量，以减少储量损失，对注水开发的油田还必须使绝大部分储量处于水驱范围内，保证水驱储量最大。由于井网涉及油田的基本建设及生产效果等问题，因此必须做出方案的综合评价，并选最佳方案。

（5）确定开发指标：油田开发指标是对设计方案在一定开发期限内的产油、水、气及地层压力所做的预测性计算结果，目前一般采用油藏数值模拟方法或经验公式计算。

（6）制订出数种方案：在上述分析及计算的基础上，根据较合理的采油(气)速度制订出数种开发方案，列表待选。

(四) 方案评价与优选

方案评价与优选是根据行业标准对各种方案的开发指标进行经济效益计算，然后从中筛选出最佳方案实施。

(五) 标明方案实施要求

根据油气藏地质特点，对方案提出相应的实施要求：

（1）钻井次序，完井方式，投产次序，注水方案及程序，运行计划要求。

（2）开发试验安排及要求。

（3）增产措施要求。

（4）动态监测要求，包括监测项目和监测内容。

（5）其他要求等。

五、某气藏开发方案编制实例

以大池干气田万顺场高点石炭系气藏开发方案为例简述开发方案编制的内容及步骤。

(一) 气藏概况描述

气藏概况包括气藏区域地质位置及地理环境、勘探简史、气藏开采简况等。

(二)气藏地质特征分析

气藏地质特征包括构造特点、石炭系地层、储层特征及储集类型等。

(三)气水关系和流体性质确认

气水关系和流体性质包括确定气水界面和流体采样及分析化验。

(四)气藏动态特征分析

气藏动态特征分析主要是进行生产阶段的划分和分析。

(五)气藏储量核实

气藏储量核实包括储量计算的工作基础、容积法储量核算、动态储量计算方法(压降法、试井法、数值模拟法)等。

(六)气藏数值模拟

气藏数值模拟包括气藏地质模型建立、气藏数学模型建立、动态拟合等。

(七)气藏开发方案编制及动态预测

依据开发条例"储量在 50×10 m^3 以上的气驱气田,采气速度3%~5%,稳产期在10年以上",制定出万顺场高点石炭系气藏的开发原则:在满足国民经济需要的前提下,立足现有气井,发挥气藏的高产优势,防止气藏严重水侵,保证气藏具有较长时期的平稳供气条件,达到较高的采出程度,高效合理地开发气藏,为整个气田的合理开发作出贡献。制定出四种开发规模(80×10^4m^3/d, 90×10^4m^3/d, 100×10^4m^3/d, 120×10^4m^3/d)和两种生产方式(增压开采、无增压开采),组合成八种开发方案,然后进行各种方案下的动态预测。

(八)气藏开发方案的经济分析

这一分析的目的是计算上述开发方案的成本,分析比较每个方案的最终经济效益。

(九) 方案综合对比及可行性方案推荐

(1) 采气速度高的方案，边部气井产水预兆更为明显，稳产年限低于10年。

(2) 增压开采方案的稳产时间及采出程度均比无增压开采方案效果好。

(3) 利用产值、利税和净现值对比，确定出气藏实施的可行性方案，并列出后备方案。

(十) 气藏动态监测

目的是进一步了解气藏动态变化，保证开发方案的顺利实施。

第二节　油田开发方式的选择

油田开发方式又称油田驱动方式，是指油田在开发过程中驱动流体运移的动力能量的种类及其性质。油田开发方式分为天然能量开采和人工补充能量开采两大类。天然能量开采是指利用油藏自身的能量和边水、底水能量开采原油而不向地层补充任何能量的开采方式。人工补充能量开采又分为注水、注气和热力采油等类型。其中注水开发是通过不断向油藏注水给油藏补充驱动能量的一种开发方式。注气开发则是通过不断向油藏注气给油藏补充驱动能量的一种开发方式。油田开发到底选用哪一种开发方式，是油藏自身的性质和当时的经济技术条件所决定的。

一、影响油田开发方式选择的因素

对于一个具体油田而言，有许多因素影响开发方式的选择。一般地说，在选择油田开发方式时，主要考虑以下几个方面的因素。

(一) 油藏自然条件

油藏自然条件是指油藏地理环境，油藏天然能量、地质储量，油藏岩石和流体性质。

地理环境对开发方式选择的影响主要表现在：首先应考虑当地其他可以作为驱油剂的资源量。对于一个天然能量有限的油田来说，可以使用人工补充能量的方法进行开发。使用人工作用的开发方式时，需要有足够的驱油剂。例如，对于注水开发方式来说，如果当地水资源比较缺乏，那么这种开发方式就不可行。其次应考虑环境保护问题。使用人工作用方式进行油田开发时，往往需要对驱油剂进行地面处理，这会引起环境污染问题，如果附近居民比较集中，则这个问题必须考虑。

油藏天然能量包括油藏自身的弹性膨胀能量和边水、底水能量。对于一个实际开发的油藏，往往是多种驱动类型同时作用，即综合驱动。在综合驱动条件下，某一种驱动类型占支配地位，其他驱动类型的组合与转化，对油藏的采收率会产生明显影响。因此，要分析天然能量的大小，并尽量加以利用，根据天然能量的充足与否，确定开发方式。

油藏储量的大小对开发方式也起决定作用。如对于一个储量很小而又有一定的天然能量满足需要的油藏，如果采用注水、注气或者其他开发方式，由于地面建设费用高，而其利用率又低，因此其经济效益就不会很好，对于这种油藏，直接利用天然能量进行开发将会更合理。

油藏的岩石和流体的物理性质对开发方式也产生一定的影响。例如，对于一个稠油油藏，即使有很充足的边水能量或弹性能量，也很难使油藏投入实际开发，这时必须采用热力采油方式开采。

(二) 工艺技术水平

对于一个具体油田，从理论上来说，是可以找到一种理想的开发方式的，但是由于工艺技术水平的限制，实际中往往难以投入使用。例如，我国新疆某油田，由于它具有高压、低温、油稠、埋藏深、水敏性强等特点，常规水驱和蒸气驱显然不行。理想的开发方式是使用物理场或火烧油层开发方式，然而，由于工艺技术水平的限制，这两种方法目前都很难投入实际使用。

(三) 采收率目标

油田采收率也是确定开发方式的重要内容。根据油藏试采的情况和油藏天然能量的大小进行分析，若油藏天然能量充足，采收率能够达到预期的目标，则可利用天然能量开采；若油藏天然能量不足，采收率比较低，则要考虑人工补充能量的方式开发。

(四) 开发效益

任何一种开发方式，最后都必须以经济效益为目标。若油田在经济技术条件上不适合某种开发方式，则应考虑选用其他的开发方式。

二、油田注水开发方式

由于注水成本低，补充能量的开采方式首选注水开发。所谓注水方式，是指采用人工注水补充能量的开发方式。根据油水井在油藏中所处的部位和井网排列关系可分为边缘注水、切割注水、面积注水和点状注水等注水方式。

选择注水方式开发油田的原则有：与油藏的地质特性相适应，能获得较高的水驱控制程度，一般要求达到 70% 以上；波及体积大和驱替效果好，不仅连通层数和厚度要大，而且多向连通的井层要多；满足一定的采油速度要求，在所确定的注水方式下，注水量可以达到注采平衡；建立合理的压力系统，油层压力要保持在原始压力附近且高于饱和压力；便于后期调整。

三、开发方式的转换与接替

油田采用哪种开发方式，主要取决于油田自身的性质和当时的经济技术条件。开发方式的转换与接替实际上就是驱油能量的转换与接替。一个油田往往不是一种能量从始到终一直起作用。在一个阶段是一种能量起主要作用，在另一阶段可能是另一种能量起主要作用。由于注水成本低，一般最有意义的是人工补充能量开发方式与天然能量开发方式之间的接替，对注水开发油田来说，就是注水时机问题。

在油田投入开发初期即实施注水的开发模式，称作早期注水。在油田开发一定时期之后实施注水的开发模式，称作晚期注水。若油田的自身产能较低，必须依靠外部补充能量才能获得一定的产能，此时必须采用早期注水。天然能量不足的油田，为保持油田具有较高的产油能力，也必须采用早期注水。具有一定天然能量的油藏，为充分利用天然能量，可以适当推迟注水时间。油田何时注水，何时实现驱油能量的接替，要通过经济技术方面的综合研究之后才能确定。

第三节　开发层系划分与组合

所谓开发层系，就是把特征相近的油层组合在一起，采用一套开发井网进行开发，并以此为基础进行生产规划、动态研究和调整。到目前为止，在世界上所开发的油田中，绝大多数都是非均质的多油层油田，各个油层的物性差异往往很大。对多油层油田的开发，目前主要有两种方式：一种是所有的油层组合在一起进行联合开发；另一种是将一些层合在一起作为一个层系，而将另外的一些层合在一起作为另一个层系，进行分层开发。为了提高原油的采收率水平，有必要对所有含油层进行分类，并划分和组合成一定的开发层系，采用不同的开发井网进行开发。开发层系是为了克服油田开发的层间矛盾而进行设计的，而油层的平面矛盾要靠井网的优化设计来进行克服。具体采用联合开发还是分层开发，分层开发时各层系如何组合与划分，这些就是本节所要研究的内容。

一、层间差别

一个油田往往由多个含油小层组成，小层数少则几个，多则几十个，甚至上百个，每个小层的性质都不相同，层间差别主要体现在以下几个方面：

(一) 储层岩性和储层物性

储层岩石类型多种多样，有些储层为砂岩，有些储层可能为石灰岩或变质岩。由于沉积环境和成岩作用的不同，储层物性差别较大。储层物性的差别主要表现在孔隙度和渗透率上。

(二) 流体性质

纵向上，储层中的流体呈现油气水多种流体互层，油气水性质较为复杂，并不一致。如不同储层的原油组分可能存在较大差异，某些储层原油可能是轻质、低黏中等密度原油，某些储层原油可能是重质、高黏高密度原油。

(三) 压力状态

纵向上，每一个储层的压力系统可能不完全相同，有些储层处于异常高压状态，有些储层属于正常压力系统，还有些储层可能处于异常低压状态。同时，有些储层可能封闭，地层压力下降快；有些储层可能与边水、底水相连通，地层压力下降缓慢。

(四) 油水关系

纵向上，储层中的油气与周围水体的接触关系存在很大的差别，有些储层可能封闭，有些储层的油气带有边水、底水。同时，有些储层具有统一的油水系统，有些储层具有不统一的油水系统。

二、划分开发层系的意义与原则

多数油田、凝析气田和气田是由多个油气藏构成的，而同一油气藏又可能由不同的含油（气）层组成。所谓划分开发层系，就是把地质和开发特征相近的油（气）层组合在一起，并用单独一套开发系统进行开发，尽量避免或减少在开发过程中出现层间矛盾，以此为基础，进行井网部署、合理配产、制订开发方案和生产计划，进行动态分析和开发调整。这部分内容油田和气田开发一致，不单列出气田开发层系划分内容。

(一) 划分开发层系的意义

我国发现的大部分油田属于陆相沉积，也是非均质多油层油田。这种油田的主要特点是油层层数多，其岩性及物性变化大，分布极不均匀。如果对这类油田笼统地用一套井网进行开发，对提高采油速度、进行生产管理和油井作业都带来一定困难，同时普遍存在着严重的层间矛盾。大庆油田的开发实践告诉我们，缓解或解决层间矛盾大致有三种思路：分层注水和分层采油；划分开发层系，对物性差异大的油层用不同的井网开发；划分开发层系与分层注采工艺相结合。

分层注采工艺是在同一套井网所开发的层系内，通过注采井对性质不同的油层建立不同的工作制度，以充分发挥各小层的作用。分注分采工艺可以减少井网套数，减少钻井工作量，从而节约钻井投资。然而，目前分注分采工艺所能够分开的小层数有限，在同一井内，最多只能分注六层、分采三层，而多层油田的小层数目一般都远大于这个数值，有些多层油田的小层数多达上百层。因此，对于非均质严重、层数众多的多油层油田，还必须先采用划分开发层系，再对不同层系使用不同井网进行开发的方法。目前的发展趋势是划分开发层系与分注分采工艺相结合，即尽量使划分的层系数目减少，在同一层系内再采用分注分采工艺进行生产。因此，划分开发层系是开发多油层油田的一项基本措施，是解决层间矛盾的一个主要手段。这一部分工作的意义主要体现在以下几方面。

1. 合理划分开发层系有利于充分发挥各类油层的作用

合理地划分与组合开发层系，是开发好多油层油田的一项根本措施。在同一油田内，由于储油层在纵向上的沉积环境及其条件不可能完全一致，因而油层特性自然会有差异，所以在开发过程中，层间矛盾也就不可避免要出现。若高渗透层和低渗透层合采，则由于低渗透层的油流动阻力大，生产能力往往受到限制；若低压层和高压层合采，则低压层往往不出油，甚至高压层的油有可能窜入低压层。在水驱油田，高渗透层往往很快水淹，在合采的情况下会使层间矛盾加剧，出现油水层相互干扰，严重影响采收率。

因此，若不能合理划分和组合开发层系，将不能有效开发不同性质油层中的流体；若能合理划分和组合开发层系，将可以克服不同性质油层的层间矛盾，提高油气的开采效益。

2. 划分开发层系是部署井网和规划生产设施的基础

确定了开发层系，就确定了井网套数，因而使得研究和部署井网、注采方式以及地面生产设施的规划和建设成为可能。开发区的每一套开发层系是根据开发层系的地质特点进行部署的，都应独立进行开发设计和调整，对其井网、注采系统、工艺手段等都要独立做出规定。

3. 采油工艺技术的发展水平要求进行层系划分

一个多油层油田，其油层数目很多，往往多达几十个，开采井段有时可达数百米。采油工艺的任务在于充分发挥各类油层的作用，使它们吸水和出油都均匀，因此，往往采取分层注水、分层采油和分层控制的措施。由于地质条件的复杂性，目前的分层技术还不可能达到很高的水平，因此，划分开发层系后，每一个开发层系内部的油层不致过多，井段不致过长，可以适应采油工艺技术的需要，提高开发效果。

4. 油田高速开发要求进行层系划分

为满足国民经济对石油高速开发的需要和缩短油田投资建设期，通过划分开发层系，对不同的层系应用不同的井网同时开发，可以提高采油速度，为开发油田实现长期的稳定高产创造有利条件，同时加快油田的生产，从而缩短开发时间，并提高投资效益。

(二) 划分开发层系的原则与界限

划分开发层系就是将特性相近的油 (气) 层组合在一起，用一套井网单独进行开采，以免因层间差别而导致驱替效率的降低。开发层系的划分一般遵循以下原则：

1. 储层特性及层位相近

储层特性相近是指储层的岩性相近、物性相近、构造形态相近、沉积条件相近、油水或汽水边界相近、驱动类型相近、平面渗透率的分布相近、非均质性相近和含油 (气) 饱和度相近。只有特性相近的储层，开采规律才比较接近，才可以组合在一起用一套井网进行开采。储层特性相差较远的储层，用不同的井网进行开采。

开发层系的实际划分过程中，一般把层位相近的储层结合在一起。因为实践证明，层位相近的储层往往是在相同的地质环境下形成的，因而其性质也往往相近。

2. 压力系统及驱动类型一致性

同一层系内的压力系统应基本保持一致，压力系统相差较大的油 (气) 层应采用不同的开发层系进行开发。同一层系内各储层之间的油水或汽水接触方式和驱动类型应基本保持一致，这样就可以充分利用天然能量和提高开发效益。

3. 开发层系间有稳定的隔 (夹) 层

不同层系之间必须具有良好的隔 (夹) 层，把层系严格地分开，以确保开发过程中层系之间不发生或少发生窜通和严重的层间干扰现象。若无良好隔（夹）层，开发层系的划分就失去意义。

同一层系，开发层组的跨度不宜过长，上、下层的地层压差要维持在合理范围内，各产层均能正常生产。

4.储层流体性质相近

流体性质相近的产层，渗流规律也大致相同，可以划分为一个开发层系。流体性质相差较大的产层，应划分成不同的开发层系，用单独的井网进行开发，这样做也便于地面油气的分离和油（气）品性质的保证。

5.开发层系具有一定的储量规模及有效厚度

一个独立的开发层系，应具有一定的储量规模和产量规模，以弥补单独开发而增加的额外投入。若储量太小，不具有划分开发层系的物质基础，则不应单独划分开发层系。

从渗流机理与驱油规律、驱油动态和采收率等角度定量分析"开发层系组合与储集层纵向渗透性级差下限"的关系、"注采压差、注采井距与储集层纵向渗透性级差和储层纵向动用程度"的关系等的理论研究工作不多，感兴趣的读者可开展这方面的研究工作。

6.与经济技术条件相适应原则

同一层系内油层应相对集中，开采井段不宜过长和分散，以利于井下工艺措施的顺利开展。从采油工程的角度考虑，层系划分得越细越好，这样可以增强油井的分层控制能力和单层的采出程度。但从经济的角度考虑，层系不宜划分过细，因为层系划分过细会大幅增加井网投资。因此，开发层系的粗细程度应全面考虑，必须与当时的经济技术条件相适应。

三、划分开发层系的一般方法

（一）从研究油砂体入手，对油层性质进行全面的分析与评价

重点研究油砂体的形态、延伸方向、厚度变化、面积大小、连通状况，此外还有渗透率、孔隙度、含油饱和度，以及其中所含流体的物性及分布。在此基础上，对各油层组（或砂岩组）中的油砂体进行分类排队并做出评价，研究每一个油层组（或砂岩组）内不同渗透率的油砂体所占的储量比例，不

同分布面积的油砂体所占的储量比例，不同延伸长度的油砂体所占的储量比例。通过分类研究，掌握不同的油层组、砂岩组、单油层的特点和差异程度，为层系划分提供静态地质依据。

(二) 进行单层开发动态分析，为合理划分层系提供生产实践依据

通过在油井中进行分层试油、测试，具体了解各小层的产液性质、产量大小、地层压力状况，各小层的采油指数等。这一步工作也可模拟不同的组合，分采、合采，为划分和组合开发层系提供动态依据。

(三) 确定划分开发层系的基本单元并对隔层进行研究

划分开发层系的基本单元是指大体上符合一个开发层系基本条件的油层组、砂岩组、单油层。一个开发层系基本单元可以单独开发，也可以把几个基本单元组合在一起，作为一个层系开发。先确定基本单元，再根据每个单元的油层性质组合开发层系。

划分开发层系时，必须同时考虑隔层条件，在碎屑岩含油层系内，除去泥岩外，具有一定厚度的砂泥质过渡岩类也可作为隔层。选用的隔层厚度应根据隔层物性、开发时间、层系间的工作压差、水流渗滤速度、工程技术条件而综合确定。可以根据油层对比资料先确定隔层的层位、厚度，通过编绘隔层平面分布图来具体了解隔层的分布状况。

(四) 综合对比选择层系划分与组合的最优方案

对同一油田，可提出数个不尽相同的层系划分方案。通过计算各种组合下的开发指标，综合对比，选择最优方案。主要衡量技术指标是：不同层系组合所能控制的储量；不同层系组合所能达到的采油速度，井的生产能力和低产井所占的百分数；不同层系组合的无水采收率；不同层系组合的投资消耗、投资效果等经济指标。

总之，开发层系的划分是由多种因素决定的，划分的方法和步骤可以因情况而异。对所划分的开发层系还要根据开发中出现的矛盾，进一步分析其适应性，并要加以适当调整。

第四节　开发井网部署

一个油藏在发现和油藏评价后，即进入油田开发设计阶段，开发井网的部署是油藏开发工程设计的重要环节，也是开发方案的主要内容之一。由于绝大多数天然油藏是非均质的，在生产压差一定的情况下，每口井的泄油半径是有限的，同时为了满足国家对石油的需求和提高油田开发经济效益，因此实际油藏需要一定数量的井来开采，这就提出了油田开发井网部署问题。井网部署是在一定的开发方式和一定的开发层系下进行的，油田开发系统各个环节都要通过开发井网来实现，同时井网部署直接与经济效益相联系，它影响到钻井、采油、地面建设系统的选择与投资，同时还影响到油田的生产管理。因此，井网部署的合理与否，直接影响到油田的开发效果与开发效益。

一、概述

开发井网设计是油气藏工程设计的重要内容之一。所谓开发井网，是指若干口开采井和注入井在构造上的排列方式或分布方式。开发井网设计包括井网形式和井数（井距、井网密度）两个方面的内容。井网形式是指井的排列方式，井网密度是指单位面积上的开采井、注入井数量。

井网部署要以提高单井产量、提高储量的控制程度和采收率为原则，对井型、井网和井距进行论证。根据油气藏地质特征与开发要求以及地面条件，确定适合于油气藏各个部位和各层系的井型。根据油气藏储层发育及分布、物性特征、构造形态与特征、断层和裂缝发育及分布特征、储量丰度、流体性质等因素确定井网。

一个油藏需要一定数量的油井进行开发才能带来经济效益，有效的注采井网系统应能满足下述条件：

（1）井网对储层有较好的适应性，水驱控制储量一般应达到70%以上，对其中的主力油层应该达到80%以上，以保证这些储量能够在水压驱动之下开采。

（2）所建立的注采系统有较简便的分注、分采工艺，能够获得较大的波及体积和较好的驱替状态。

（3）在主要开发阶段中，能够充分地补给油层能量，注水采油相互适应，油、水井都能较好地发挥作用，保证达到稳产期的产油速度。

（4）在能满足一定采油速度的要求下，注水井的注入量能补偿高含水期采出的液量（油层条件下），并有较高的注入水利用率。

（5）能够建立最佳的压力系统，这个压力系统既能够实现注水井的正常注水，又能够保证采油井有较好的供给条件，以满足一定采油速度所要求的产液量。

（6）有比较好的经济效益。

由于开发方式等原因，气藏一般用衰竭方式开发，相对较简单，一般采用非均匀布井方式，而油藏和凝析气藏注气的开发井网较为复杂。下面将油气藏开发井网的部署分为油藏＋凝析气藏注气和气藏两种类型分别研究，首先研究油藏注水开发井网的部署，其基本规律对凝析气藏注气开发井网的部署也是适用的。

二、井网基本形式

(一) 排状井网

排状井网是指所有油井都以直线并排的形式部署到油藏含油面积上形成的井网形式。描述井网的参数有排距（排间）和井距（排内）两个参数，一般情况下排距大于井距。若排距相等，井距也相等，则为均匀排状井网；否则，为非均匀排状井网。

排状井网适合于含油面积较大、渗透性和油层连通性都较好的油田。

(二) 环状井网

环状井网是指所有油井都以环状并排的形式部署到油藏含油面积之上所形成的井网形式。描述井网的参数也有排距和井距两个参数，一般情况下排距大于井距。

环状井网适用于含油面积较大、渗透性和油层连通性都较好的油田。

(三) 面积井网

面积井网是指将一定比例的注采井按照一定的几何排列方式部署到整个油藏含油面积之上所形成的井网形式。按照油水井不同的排列方式，可将面积井网分为若干种类型。

除油藏局部采用二点、三点注采井网外，其余各种面积注采井网可分为正方形井网和三角形井网，且各种面积井网的最小渗流单元流场具有可复制性特点。

正方形井网是指"最小井网单元为正方形的井网形式"。最小井网单元是由相邻油井构成的基本井网组成部分。正方形井网也可以视为排距与井距相等的一种排状井网。

三角形井网是指"最小井网单元为三角形的井网形式"，也可以视为排距小于井距的交错形式的排状井网。

面积井网适用于含油面积中等或较小、渗透性和油层连通性相对较差的油气藏。

由于受到油藏各向异性、非均质性、含油区域大小和形状以及探井和评价井位置的影响，油藏开发的实际井网都不是标准的或均匀的井网形式，许多开发井网都是不规则井网。但是，从提高油气采收率的角度考虑，在对油藏地质特性不是特别清楚的情况下，对井网的部署应尽量采用规则井网。

三、注水开发井网

许多油田都采用了注水开发技术，若干口注采井在油藏上的排列或分布方式称为注水开发井网或注采井网。注采井网的选择要以有利于提高驱油效率为目的。常见的注采井网有以下几种形式。

(一) 排状内部切割注水开发井网

对于大型油田，可以通过直线注水井排把整个含油面积切割成若干个小的区域，每一个区域称作一个切割区。每一个切割区可作为一个开发单元，进行单独设计和单独开发。视开发准备的情况，每一个切割区投入开发的时间可以不同。

对于含油面积较大、构造完整、渗透性和油层连通性都较好的油田，采用排状注水容易形成均匀驱替的水线，以提高驱替效率，但排状注水的缺点是内部采油井排不容易受效。

(二) 环状内部切割注水开发井网

对丁大型油田，也可以通过环状注水井排把整个含油面积切割成若干个小的环形区域，对每个切割区可以进行单独设计和单独开发。

对于一些复杂油藏 (尤其是穹窿背斜油藏)，可以采用环状注水井排，把油气藏的复杂部分暂时封闭起来，先开发油气藏的简单部分，待条件成熟之后再开发油气藏的复杂部分。如气顶油藏，为了防止气窜，就可以首先布置一个环状注水井排，通过注水保持地层压力，而暂时把气顶与油藏含油部分隔开，这样就可以方便地开采油藏含油部分的原油。

(三) 边缘注水开发井网

如果一个油藏的注水井排打在油藏的含油边界之上，这样的井网称作边缘注水开发井网。边缘注水开发井网一般适用于含油面积中等或较小的油藏。

根据注水井排位置的不同，可将边缘注水开发井网分成缘外注水、缘上注水和缘内注水3种井网形式。若把注水井排打在外含油边界之外，则为缘外注水。

如果边水与油藏的连通性较差，注到地下的水很难驱替到油藏中去，而是散失到油藏之外的水域之中，则注水效果很难发挥。此时，应把注水井位置内移，打到油水过渡带，即内、外含油边界之间的区域内。这种注水方式称为缘上注水。

有些油藏的过渡带因与边水长时间接触形成了氧化稠油带，致使注水效果变差；而另外一些油藏的过渡带很长，注到过渡带上的水很难让内部的采油井收到效果，此时，注水井的位置还必须进一步内移，打到内含油边界以内的地方，这种注水方式称作缘内注水。缘内注水井网往往损失一部分地质储量。

(四)面积注水开发井网

面积注水开发井网适用于含油面积不规则或渗透性不好或油层连通性较差的中小型油田。面积注水开发井网可有效提高这类油田油井产能和注水驱替效果。面积注水开发井网的实质是把油藏划分成了更小的开发单元。面积注水开发油田的油藏工程研究，一般都是以注水井为中心。通常把一口注水井与周围油井组成的井网单元称为注水开发井网的注采单元；把按照注采井数比划分的井网单元，称作注采比单元或渗流单元。显然，注采比单元是注水开发油田最小的开发单元。

1. 排状正对式注水开发井网

在正方形井网中，若注水井排和采油井排间隔排列，则形成排状正对式注水开发井网。正对式井网的排距可以大于、等于或小于井距，但一般情况下都大于井距。

油田每一个注采单元或注采比单元的生产情况基本上都一样，因此，只要了解了一个注采单元或注采比单元的生产情况，就能够了解到整个油田的全貌。从注采比单元可以看出，排状正对式注水开发井网一口注水井的注入量与一口采油井的采液量（包括采油量）相当。

2. 排状交错式注水开发井网

注水井和采油井交错排列，则形成排状交错式注水开发井网。交错井网的排距可以大于、等于或小于井距。排状交错式注水开发井网的注采井数比为1。

从注采比单元可以看出，排状交错式注水开发井网一口注水井的注入量与一口采油井的采液量相当。

3. 五点注水开发井网

若把正方形井网的每一个井网单元中再钻一口注水井，则形成了所谓的五点井网。实际上，五点井网就是排距为井距之半的排状交错式注水开发井网。五点井网的注采井数比为1:1。从注采比单元可以看出，五点井网一口注水井的注入量与一口采油井的采液量相当，即五点井网适合于强注强采的情形。

4.反九点注采井网

反九点井网的油井存在边井和角井之分，角井离注水井的距离稍大于边井，为了提高注入水的波及系数，可以适当提高角井的产量。从注采比单元可以看出，反九点井网一口注水井的注入量与三口采油井的采液量相当，因此，反九点井网适用于吸水能力强的地层。

若把反九点井网的角井改成注水井，反九点井网即变成了五点井网，因此，一些油田的开发初期往往采用反九点井网，而到了开发的后期，为了提高油田的产量水平，往往把反九点井网调整为五点井网。

5.反七点（正四点）注水开发井网

反七点注水开发井网属三角形井网，一口注水井的周围有六口采油井。

反七点井网的注采井数比为2∶1。从注采比单元可以看出，反七点井网一口注水井的注入量与两口采油井的采液量相当，因此，反七点井网适合于吸水能力相对较强的地层。

6.点状注水开发井网

一些油田的平面非均质性很强，在渗透率相对较低的区域，油井产能也较低。为了提高低产能区的油井产能，可以实行点状注水。形成的井网称为二点和三点注水开发井网。

（五）水平井注采井网

目前，国内外油田经常采用的水平井井型主要包括常规水平井、水平分支井、鱼骨刺井、多底井、分叉井。其中，前三种井型主要针对单层油藏，后两种井型主要针对多层油藏。

除水平井外，其他复杂结构井主要针对特殊油藏条件，而且绝大部分只是采用单井进行生产。从研究角度看，可以以直井井网为基础，采用水平井或其他井型来代替其中的部分直井来组成各种类型的井网。

（六）直井、水平井混合注采井网

目前，常见的布井方式有反五点井网、反七点井网、改进的反七点井网、反九点井网和改进的反九点井网等。需要说明的是，水平井注采井网是指所有的井都是水平井，注入井与采出井平行排列；直井注水行列井网是指所有的井成行排列，水平井全部为油井，直井全部为注水井；直井注采行列井网是指所有的井成行排列，水平井全部为油井，直井分注水井和采油井，并相间排列。

不同的布井方式对开发效果影响显著，例如，在相同的井距和生产条件下，反五点井网见水时间最长，反七点井网和反九点井网见水时间相当。

(七) 储层裂缝与压裂裂缝对注采井网的影响

对于裂缝性油藏，通过注水井注到地下的水易沿高渗透方向窜进，此时需要对井网进行调整。调整之后的井网就有了一定的方向性，因而也被称作矢量井网。井网的方向定义为井排方向与最大渗透率方向的夹角。

裂缝性油藏一般都属于各向异性介质，裂缝的发育方向就是地层最大渗透率方向。裂缝性油藏井网部署时，应考虑裂缝的方向。

(八) 改善油田注水开发效果的有效途径

1. 充分利用自然能量，提高采收率

对于天然能源充足的油田，具有一定的开发利用价值。在开发过程中，应选择地质条件好、裂缝发育、预期日产量高的地区，利用自然能源进行开发。这不仅可以降低裂缝性油井的开发成本，延长油井的见水时间，而且可以达到提高采收率的目的。

2. 合理控制注水压力，延后油井见水时间

在计算注水压力时，可以用泊松比法计算油井注水压力上限，然后对注水井进行分类管理。对于风险较大的注水井，应采用恒压控制方式注水；对于具有一般风险的注水井，可根据其动态变化进行适当调整。此外，控制注水压力可以有效避免储层裂缝的发生，延长油井的见水时间。

3. 采用注水调整与堵缝调剖相结合的方式控制含水上升

对裂缝高度发育的注水井，如已造成周围油井突水，甚至发生水淹，应及时注水、调箍、调剖。从具体的开发实践来看，这种方法可以达到良好的沉淀增油效果。对于一些裂缝发育明显的油井，可以采取不断提高裂缝封堵和调剖强度的方法。对于主力层遇水后置换层数较少的井，油井处于断层裂缝发育带，层间矛盾较大，可采用裂缝封堵调剖的方式提高含水率。

4.杜绝造成的暴性水淹

根据井组和不同的开发期，应采取不同的改造措施，以避免裂缝和沟渠中的剧烈注水问题。在处理过程中，对吸水性差的注水井可采取酸化、周期注水等改造措施，而不是压裂改造。同时，采油井采用不同的压裂工艺，避免压裂后含水率明显上升。

四、注采井网选择

确定合理的注采井网系统一直是油田开发中一个重要的问题。确定合理的注采井网要满足以下条件：要有较高的水驱控制程度；要适应差油层的渗流特点，达到一定的采油速度；要保证有一定的单井控制储量；要有较高的经济效益。

(一) 不同注水开发井网对油藏储量控制程度

1.分油砂体法

分油砂体法是一种经验统计方法，所需要的参数容易获得，估算结果也比较准确。该方法主要用于分析不同井网密度对水驱控制程度的影响。

2.概算法

概算法是一种概率估算方法，所需要的参数也较容易获得，估算结果也比较准确。该方法主要用于分析不同井网密度和注采比以及布井方式对水驱控制程度的影响。

(二) 吸水产液指数法确定合理注采井网

井网类型的选择是一个十分复杂的问题，一般情况下可利用油藏吸水指数 (定义为单位注入压差下注水井的日注入量) 与产液指数 (定义为单位生产压差下生产井的日产液量) 的比值，通过计算井网系数加以确定。

由于油田开发初期的产能较高，因此开发初期往往选用油水井数比较高的开发井网，如反九点井网；但随着油田开发的不断进行，油田产能不断降低，为了提高油气产量，到了油田开发的中后期，往往把开发井网改造成油水井数比较低的开发井网，如五点井网，即靠提高油田的产液量来提高油气产量。

一般说来，高油水井数比的开发井网具有一定的成本优势，因此，通过提高注水井的注入压差，高油水井数比的开发井网也可以达到低油水井数比开发井网的开发效果。

五、井网密度的确定

(一) 概述

1. 井网部署原则

科学、合理、经济、有效的井网部署应以提高油气藏动用储量、采收率、采气速度、稳产年限和经济效益为目标，总原则是：

(1) 井网能有效地动用油气藏的储量。

(2) 能获得尽可能高的采收率。

(3) 能以最少的井数达到预定的开发规模。

(4) 在多层组的油气藏中，应根据储层和流体性质、压力的纵向分布、油气水关系和隔层条件，合理划分和组合层系，尽可能做到用最少的井网数开发最多的层系。

2. 井网密度表示方法

井网密度是油气田开发的重要数据，它涉及油气田开发指标计算和经济效益的评价。对一个固定的井网来说，井网密度大小与井网系统 (正方形或三角形等) 和井距大小有关，井网密度可有两种表示方法：

(1) 平均一口井占有的开发面积，以 $km^2/$ 井表示。计算方法是，对某一开发层系，按一定井网形式和井距钻进投产时的开发总面积除以总井数。

(2) 用开发总井数除以开发总面积，以井 $/km^2$ 表示。

随着井网密度的增大，油气最终采收率增加，开发气田的总投资也增加，而油气田开发总利润等于总产出减总投入。当总利润最大时，就是合理的井网密度；当总产出等于总投入，即总利润等于零时，所对应的井网密度就是经济极限井网密度。通常，实际的井网密度介于合理和经济极限井网密度之间。

油气田开发井数、井距、井网密度以及单井控制地质储量之间是紧密相关的，确定了一个参数之后，就可以确定另外三个参数。下面先讨论油藏开发井网的相关问题。

(二) 合理井网密度

油田开发的根本目的有两个：一是获得最大的经济效益，二是最大限度地采出地下的油气资源。同时满足这两个目的的开发井网密度就是最佳井网密度。确定油田最佳井网密度的方法通常称作综合经济分析法或综合评价法。

井网密度越大，油田的最终采收率也就越大。当井网密度达到无穷大时，油藏的采收率达到驱替效率的数值，因此可以把驱替效率理解为油田采收率的极限值。

井网指数与油层流动系数有关，一般通过实验或矿场试验方法加以确定。通过数值模拟结果也能够近似确定井网指数的大小。井网指数一般随流动系数的增大而减小。

不钻井就不会盈利；钻井太多也不会盈利甚至亏损。因此，油田开发存在一个盈利最大的井网密度，该井网密度被称作最佳井网密度。盈利曲线的极值为开发油田的最大盈利额，极值的横坐标为最佳井网密度。

(三) 经济极限井网密度

经济极限井网密度是指井网控制的可采地质储量全部采出并全部销售后，所得收入恰好全部用来弥补开发油田所需的投入以及开发油田需交纳的各项税收，开发油田的净利润为零。相应的开发井数称作经济极限井数。相应的井距称作经济极限井距，它是油田开发井距的经济下限值。

(四) 低渗透油藏极限注采井距

低渗透 (低流度) 油藏的一个基本特点是，流体在储层中流动可能存在渗流启动压力梯度，合理的注采井距应小于"某一注采井底流压差下能够实现有效注水开发的极限注采井距"，因此，准确确定"某一注采井底流压差下能够实现有效注水开发的极限注采井距"是确定低渗透 (低流度) 油藏合理注采井距、确保低渗透 (低流度) 油藏有效注水开发的关键之一。

当地层压力梯度大于或等于启动压力梯度时，则该处能够被注采井网有效控制。另外，根据渗流理论，在等产量一源一汇稳定渗流水动力场中，主流线上的渗流速度最大，而在任意同一流线上，距汇、源均相等点的压力梯度和渗流速度最小。实际油藏的注采井连线为其主流线，在主流线中点处渗流速度最小。因此，可以以主流线中点处压力梯度来确定极限注采井距。对渗透率一定的储层而言，在最大注采压差条件下，若过坐标原点的 S 形压力梯度曲线最小值等于启动压力梯度时，此时对应的注采井距即为在该注采压差条件下的油藏极限注采井距。

六、气藏开发井网部署及井网密度的确定

(一) 气藏开发井网系统

在气田开发实践中，主要有以下四种井网系统：按正方形或三角形井网均匀布井、环形布井或线状布井、在气藏顶部布井、在含气面积内不均匀布井。

根据井网系统、井网密度影响因素以及气藏类型，不同开发方式的气藏可分为以下几种布井方式。

1. 衰竭式开发时的井网系统

（1）正方形或三角形均匀布井系统。这种井网系统适用于储层性质相对较均质的气驱干气气藏或凝析气藏。该布井系统在开发过程中不形成共同的压降漏斗，即在开发过程中，每口井的地层压力基本上是接近的，并且等于当时的平均地层压力。均匀布井的优点是：气井产量大于其他布井系统时的产量，气田开发所需要的井数也是最少的，各井井口压力基本上是相近的，在更长的时间里都不需要增压开采。这种布井方式对确定开发指标是最简单也是最完善的。

（2）环状布井或线状布井及丛式布井。这种井网系统主要取决于含气构造的形态。如为圆形或者椭圆形含气构造，即可采用环状井网；而在长轴背斜上，则可采用线状或排状布井系统。此外，当气藏埋藏较深时，可以采用在地面集中的丛式布井系统，每口井的偏斜角度和方向则不同。

（3）气藏顶部布井。不论是砂岩储层还是碳酸盐岩储层，一般在构造顶部储层性质较好，而向构造边缘储层性质逐渐变差。因此，气藏顶部往往是高产分布区。把气井分布在气藏顶部还可以延长无水开采期，但在开发后期

会出现一个明显的压降漏斗。

（4）不均匀井网系统。对非均质储层往往采用非均匀的井网系统。实际上对均质的储层来说，由于探井的分布情况以及其他因素影响，也会不得不采用非均匀井网开采。尤其是当产层为碳酸盐岩裂缝型地层时，其非均质性十分明显，不可能实现均匀井网系统开采。

2.水驱气藏或凝析气藏井网系统

水驱气藏布井相对定容封闭气藏来说要复杂得多，主要是在开发早期阶段难以取得较详细的气藏边部和水层地质资料，中后期又存在气水分布不均的问题，如有裂缝存在，更使水驱气藏的布井问题复杂化。针对水驱气藏的复杂性，目前国内外存在以下几种看法：

（1）均匀布井系统：在这种情况下，气藏顶部的气井可以射开全部储层厚度，而翼部的气井则应留出一段厚度。这种井网系统的优点是井的产量高，所需要的生产井数也少，而且在储层岩性变化急剧的情况下，这种布井方式可以使透镜状地层和小夹层也能投入开发，以增加可采储量。

（2）在气藏顶部相对集中布井：利用气顶高产区使气井产量很快上升，但在开发过程中，气顶区会形成较大的压降漏斗，可能会使靠近两翼的气井过早水淹，进而使气田开发变得更加复杂。

目前凝析气藏注干气开发是比较通行的方式，在注气开发中，注气量、注气压力是人们通常关注的问题，而对于如何安排注气井使气驱的驱替效率达到最大研究得比较少。

（二）开发井数的确定

气藏开发井的类别应包括生产井、接替井、观察井、注入井（注气井或注水井）。气藏开发总井数取决于气藏的生产规模、单井产能及后备系数。

（三）气藏开发的投产顺序

关于气藏开发的投产顺序存在着两种途径：一种是根据开发方案对井数的要求一次钻完投产；另一种是逐步加密井数接替式投产。早期常采用第一种方式，在地层压力没有明显下降时易于把开发井一次钻完投产。随着市场经济的发展，第一种投产顺序已在气藏开发方案中尽量避免采用，因为一次钻完开发井并同时投产使得初始开发投资较高，同时开发井一次投产势必要降低各开发井的产量，这在技术经济指标上不是最佳的。目前在钻井技术突飞猛进的情况下大都采用第二种投产顺序。此外，对于大型气藏开发，在短期内要钻完大量的开发井并一次投产，实际上也不可能。逐步加密钻井，除了有较好的经济效益外，还能逐步加深对气藏的认识，完善开发方案，调整井网部署，使气藏开发处于更加主动的地位。

（四）布井步骤

由于独立开发层系中各小层的地质特征和储层物性参数总存在着差异，因此需要采用"分层布井、层层叠加、综合调整"的方法，选出能适应大多数含气砂体的井网来，具体步骤如下：

（1）根据各主要小层（通常指分布广、岩性物性好和储量大的小层）的渗透率、地层气体黏度，确定该层的平均井距，采取均匀布井的方式。

（2）根据各小层含气砂体在平面上的分布和气层物性情况，以确定的平均井距为依据，适当加以调整，使每个含气砂体至少有一口生产井。

此外，基础井网对渗透率高的和低的地区可酌情调整，是"低密高稀"，还是"高密低稀"，要视具体的地质情况和数值模拟的计算结果而定。

（3）将各层井位叠加起来，再加以调整。重合的井位合并，接近的井位根据各层岩性、物性情况也适当归并，最后整理出比较规则的井网。可以设立几个（至少三个）布井对比方案。

（4）按调整后的几个布井方案，再对各非主要层进行补井，适当增加少量井数。

（5）计算各布井方案的储量损失量，从中选出控制储量最大的方案。

（6）最终一定要对所选方案进行数值模拟计算，然后再对比，再优选，使气井达到最大控制面积和储量，并考虑到所获得的经济效益，最终选出最合理的布井方案（一般要提供三个备选方案供决策）。

（五）井网密度和井距论证

对于孔隙型、裂缝-孔隙型、似孔隙型等相对均质的砂岩和碳酸盐岩气藏，可用以下定量方法确定出初始的井网密度、井距，为编制布井对比方案和数值模拟计算提供依据。

1. 单井合理控制储量法

开发井井距的确定主要应考虑单井的合理控制储量，使高丰度区单井控制储量不要过大，而低丰度区单井应控制在经济极限储量以上。

2. 经济极限井距

（1）单井经济极限控制储量。一口井的总收入为累积采气量与天然气价格的乘积，而一口井从钻井到废弃时支出的总费用包括钻井、场站建设、支气管线、储层改造、采气成本等几方面。从经济上讲，一口井要不亏本，必须满足累积采气量 × 天然气价格 ≥ 支出总费用。也就是说，对于一口井来说，其钻井费用、平均每口井的油建费用与平均年采气操作费用之和，至少应大于或等于每年的天然气的销售额。这就必须有足够的储量，即单井控制经济极限储量，将它作为一个选择合理井距的重要经济指标。

（2）经济极限井距。经济极限井距的大小受储量丰度的影响很大。根据一定的参数、指标值，即可计算出相应试采区或气藏的视单井控制经济极限储量，然后计算出经济极限井距。

3. 合理采气速度法

根据气藏的地质和流体物性，可以计算出在一定的生产压差下满足合理采气速度所要求的气井数，进而求出井网密度。

4. 导压系数或探测半径法

气井的导压系数反映了气层传导能力的好坏，表示了地层中压力波传播的速度。导压系数高的井区，单井控制的供气面积就大，要求的井距也就大；反之，则要求井距小。由导压系数和生产时间则可推算生产井的探测半径。气井稳产期末的井距应不小于探测半径的两倍为宜。

5. 渗透率与排泄半径关系法

在气田开发中，总是希望储量动用程度越高越好，同时还要求"少井"开采，实际上这两者是相互制约的。井太少，储量动用就不充分；井太多，既增加投资，也会导致单井控制储量较小，井间干扰明显，单井稳产期缩短。如何确定一种井网，用最少的井又能最充分地动用储量，是一个关键的问题，每一口井都有一定的控制范围，即每口井都有一定的排泄半径（供气半径）。排泄半径之内的储量才有可能参与流动，排泄半径之外的储量得不到动用。因此，要求气藏含气面积区内均在气井的供气半径内，且井与井之间的供气范围不重复，这样才能满足储量动用充分而且井数又少。实际上，就是要求相邻两口井井距等于两口井排泄半径之和。如果能够统计得到气藏的渗透率与气井排泄半径间的关系，计算合理井距也就容易了。如果所研究的气藏还没有或无法获得该关系，那么也可以类比其他气田已有的这方面资料。

第五节　采油速度优化

采油速度的优化是指在规定的开发评价期内，油田以多大的采油速度开采，获得的经济效益最高。采油速度的大小主要取决于油田地质、工艺技术、注采井数，同时也与石油企业的经济效益密切相关。对于特定的油田，采油速度多大合适，要经过经济的、技术的综合评价之后才能够最终确定下来。

一、影响采油速度的因素

采油速度并非越高越好，采油速度的高低取决于油藏的地质条件和当时的经济技术条件。影响采油速度的主要因素是单井产量和采油井数。单井产量高、采油井多的开发方案，采油速度就高。但是，采油井数多，会大幅度增加开发投入，经济上往往不合算，因此，油田开发一般遵循"稀井高产"的原则。

单井产量除受到地质条件的限制之外，还受到油井工作制度的限制。对于渗透率较低的储层，很难提高单井产量，一般靠增大油井数量来提高油田的采油速度。对于一般的储层，靠放大油井的生产压差，也可以提高单井产量，进而达到提高采油速度的目的。但是，压差放得过大，会引起一系列的工程问题，如地层出砂、水锥加快、井底脱气等，进而降低油田的采收率。因此，对于特定的油藏，单井产量并不能无限地提高，而是存在一个合理的单井产量。

采油速度的大小还必须结合下游市场对石油的需求进行设计。若下游市场对石油的需求能力较小，油田必须以较低的开采速度进行开发；相反，若下游市场对石油有旺盛的需求，油田必须以较高的开采速度进行开发，以尽快收回投资并获得开发收益。

由于油田的产量是不断变化的，油田的采油速度也随开发时间而不断变化。稳产期的采油速度一般称作油田的峰值采油速度。大量油气田开发实践表明，正常原油直井开采的峰值采油速度在 2% 左右比较合适；水平井的产能较高，峰值采油速度可以提高到 3% ~ 4%；天然气的流动能力较强，采气速度一般为 5% ~ 6% 或更高的水平。

二、影响低渗透油藏注水开发效果的因素

(一) 地质因素

1. 孔隙结构特征

孔喉半径、孔隙形态、连通情况等均属于孔隙结构特征。由于在低渗透油藏中，孔径及喉道数量级等同于孔隙壁上流体吸附滞留层厚度，所以大多数孔隙中流体均为吸附滞留层流体，通常它们是不会参与流动的，若想流动则需有启动压力梯度，可是若增大启动压力梯度又会影响注水开发效果。

2. 砂体内部结构

砂体内部结构对低渗透油藏注水开发效果的影响很容易被忽略。在低渗透油藏中，一些物性变化会影响到流体的渗流场。其河道砂体的切割界面、内部低渗透和非渗透层等，均可在很大程度上起到对流体的遮挡作用。在同层内，纵向不同期次的单砂体互相之间存在着不渗透隔层，如泥质隔层等，因此其注采关系经常会不匹配。再就是在同一砂体内，沉积相带若存在变化，也可能会影响低渗透油藏两相带之间的连通情况。

3. 夹层频率

相关研究发现，在夹层当中存在非常多的斜交层面，如果是低渗透油藏，其倾角夹层会导致砂体内部的连通性大大降低。

（二）开发因素

1. 渗流特性

低渗透油藏具有显著的渗流特征，其乃是非达西渗流，这种渗流的曲线一端是明显的非线性段，另一端是拟线性段。非线性段的各点切线与压力梯度轴之间相交之点属于拟启动压力梯度，拟线性段的反向延长线与压力梯度轴的正值交点则属于启动压力梯度。小孔隙的流体受非线性段压力梯度的影响，压力梯度越小则流体越难参与流动。理论上来说，当压力梯度达到临界点时，虽然流动孔隙数量会趋于稳定，但产量却会继续增加；然而实际上大多小孔隙的流体受低渗透特点的影响并未参与流动，因此注水开发效果反而会降低。

2. 压敏效应

低渗透油藏存在严重压敏效应，孔隙随围限压力的增加，会逐渐发生变形，一般孔喉会拉长变细，但孔隙度变化不明显，因此造成渗透率急剧减小。在实际生产过程中，由于地层压力的不断降低，导致岩石骨架受到的额外压力越来越大，最终造成渗透率降低，影响到开发效果。

三、影响低渗透油藏注水开发因素改善对策

（一）采用合注合采的方式开发小层单砂体

目前的采注方式为小层单元开发式，这里的小层其实是包含几个可继续分割互相叠加的单砂体，当采注时因每个单砂体之间的关系，可能造成局部浪费。新的开发层应对以往的小层进行进一步分化，只开采一个单一结构的砂体层，这样采用合注合采方式，可以有效提高纵向单砂体的开发完全度，提高开发效果。

（二）适度地提高生产压差

压差体现在压力梯度上，压力梯度不但可以使孔隙中流体发生渗流流动，同时随着压差的增大还会带动更多孔隙中流体的渗流。适度地扩大生产压差，可以扩大油井的作业面范围。可以通过提高注水井的压力来达到提升

生产压差的目的，同时还要防止压力过高压裂支撑岩层，造成套损套破的现象。还可通过降低生产井底的流动压力达到目的，同时应检测压力降低的量，不能引发压力敏感性破坏作用，造成反效果。压裂的应用，也可提高生产井的渗透率，增大油井开采面的控制范围。

(三) 合理规划化井距

合理规划化井距，缩小注水井与采油井的距离也是提高开发效果行之有效的方案。

小的井距布置可以提高注水压力对油井的影响，也就是提高启动压力梯度，增大可控的孔隙数量及开采面。但开井数量直接影响经济成本，应运用合理的技术经济分析优化来控制打井距离，才能得到想要的开发效果。

四、采油速度的优化

采油速度的优化一般根据油井的产能大小，选取不同大小的采油速度确定出合理的井网密度和油水井数后，借助数值模拟方法或经验公式法来完成。常用优化采油速度的过程包括：

第一步，使用经验公式、类比法或室内水驱油试验确定出油田的采收率。

第二步，根据油藏相渗曲线，计算出无因次采液、采油指数，并结合目前工艺技术条件，计算出单井最高产液量。

第三步，设计若干个不同的稳产期采油速度，参照评价井产能的大小，可求出设计油井数目，同时可求出油藏在不同采油速度下的最高采液速度。

第四步，应用童宪章稳产期经验公式确定出稳产年限。

第五步，应用剩余储采比法确定递减期的采油速度。

第六步，根据确定的不同年份的采油速度，可确定相应采出程度，由流度比公式反求出对应的含水饱和度，然后根据不同的饱和度，由分流方程求出含水率。

第七步，根据含水率、采油速度等指标计算其他累产油、累产液指标，按设定的注采比求出年注水量指标。

第八步，根据钻井成本、采油成本、注水成本、地面建设等投资，使用经济方法计算在评价期内的经济指标，对比不同采油速度下的经济指标，对应经济指标最好的采油速度即为最佳采油速度。

第六节　油藏开发方案优化

油藏开发方案优化是指按照油藏工程设计程序，对油藏工程设计内容进行充分论证，从经济技术角度优选出最合理的设计和最优方案的过程。开发方案的选择和优化大体分两方面的内容：一是技术指标的对比与选择，二是经济评价与选择。因此，本节重点介绍油藏开发工程优化设计主要内容，油田开发经济技术指标预测方法及优化。

一、油藏开发工程优化设计主要内容

(一) 开发原则

根据当时当地政策、法律环境和油田的地质特点与工艺技术条件，确立相应的开发原则。一般来说，国内外油田开发的基本原则为：

(1) 少投入、多产出，并具有较好的经济效益原则。

(2) 有利于保持较长时间的高产稳产原则。

(3) 在现有工艺技术条件下油田获得较高采收率原则。

(二) 开发层系组合与划分

根据开发原则和地质特点确定是否需要划分层系。开发层系的划分参照本章第三节，层系组合的原则概括为：

(1) 同一层系内油层及流体性质、压力系统、构造形态、油水边界应比较接近。

(2) 一个独立的开发层系应具备一定的地质储量，满足一定的采油速度，达到较好的经济效益。

(3) 各开发层系间必须具备良好的隔层，以防止注水开发时发生层间水窜。

(三) 开发方式

在油藏评价的基础上，根据油藏天然能量大小，选择与确定合理开发方式。开发方式的合理选择与确定原则为：

(1) 尽可能利用天然能量开发。

(2) 研究有无采用人工补充能量的必要性和可能性。

(3) 对应采用人工补充能量方式开发的层系，应分析确定最佳的能量补充方式和时机。

(四) 井网、井距和采油速度

利用探井、评价井试油成果或试验区生产资料计算油井产能、每米有效厚度采油指数；利用注入井试注或实际生产注入资料，计算每米有效厚度注入指数等。没有实际注入资料的油田可以采用类比法或经验法计算。根据油井产能和水井注入能力确定布井范围。确定不同的采油速度下的油水井数，提出若干布井方案，并计算各方案的静态指标、储量损失等参数。

(五) 开发指标预测，优选方案

(1) 根据油藏地质资料初选布井方案，设计各种生产方式的对比方案。

(2) 采用数值模拟方法，以年为时间步长计算各方案 10 年以上的平均单井日产油量、全油田年产油量、综合含水、最大排液量、年注入量、油田无水采收率和最终采收率等开发指标。

(3) 计算各方案的最终盈利、净现金流量、利润投资比、建成万吨产能投资、还本期和经济生命期、采油成本，总投资和总费用，分析影响经济效益的敏感因素及敏感度。

(4) 综合评价油田各开发方案的技术、经济指标，筛选出最佳方案。

(5) 给出最佳方案的油水井数、各阶段开发指标、最终采收率及对应的各项经济指标。

二、油田开发经济技术指标预测方法及优化

(一) 油田开发指标预测与优化

油田开发指标预测方法主要有经验公式法、水动力学概算法和数值模拟法等。目前主要预测方法以数值模拟法为主。数值模拟预测开发指标过程如下：

(1) 地质建模：通过详细的油藏地质研究，建立油藏储层的概念模型或静态模型，用于油藏模拟研究。

(2) 选择流体模型；数值模拟流体模型较全面，根据油藏中流体性质，选择相应流体模型。若属于黑油油藏，则应当使用黑油模型；若具有凝析气性质，或者是挥发性油藏，就应当考虑使用组分模型；若属于稠油热采油藏，就应当考虑使用热采模型；等等。

(3) 历史拟合：由于数值模拟涉及的原始资料类型很多，如沉积相分布、孔隙度、渗透率、相对渗透率、毛细管压力、润湿性等物性参数以及断层等构造因素的变化等，这些参数的本身都带有一定的不确定性，特别是井间参数的变化更难以准确地预测。因此，目前历史拟合主要还是依靠油藏工程师的经验，用试算法来反复修改参数，进行试验。一些文献中报道了各种自动历史拟合的方法。这个问题的一种研究方向，是通过各种敏感性分析和回归函数来进行所谓的不确定追踪的方法。

(4) 预测及优化：一个油藏不同方案指标的预测和各种方案的对比优化，是在历史拟合结果比较准确的基础上，利用数值模型进行各种类型的方案预测。这些方案包括不同井网形式、不同井距、不同的采油速度、不同的驱动方式等，每种类型方案都要计算开发年限、含水率、采收率、稳产年限、稳产期采出程度、可采储量、累积水油比、总压降等基本开发指标，另外还要根据不同油藏的不同技术要求，预测其所需要的相应开发指标，然后进行分析对比，采用优化技术，优选出相对最佳的开发方案，包括驱动方式、井网形式、井距、采油速度等。

(二) 经济评价方法

油田开发的经济评价是决策过程中的一个重要环节，是在地质资源评价、开发工程评价基础上所进行的综合性评价。对通过产量实现的收入和可能发生的费用支出进行现金测算，围绕经济效益进行分析，预测油藏开发项目的经济效果和最优的行动方案，提供决策依据。

经济评价可以按投入资金和产出产品价值的时间因素分为静态分析和动态分析两种方法。静态分析法是指不考虑资金和产出产品价值的时间因素的影响，在投资费用上不考虑通货膨胀的因素，在产品价值上以不变价格为基础，不考虑今后市场价格变动的分析方法。这种方法虽直观易懂，也易于进行，但不完全符合客观实际。动态分析法是指把资金的时间价值考虑进去的一种经济评价方法。在考虑经济效果时，必须把时间价值充分考虑进去，只有这样，才能确切地反映投资项目的真实情况。

油藏经济评价参数主要有原油价格、投资成本、经营成本、利率和贴现率等。油藏经济评价指标主要有投资回收期、净现值和净资产收益率等。

(三) 方案优选

一个油田开发方案在开发指标上最高并不一定是最优方案，必须是经济上最优。一般地，根据数值模拟设计不同驱动方式、井网形式、井距、采油速度等开发方案预测的开发指标，按照经济评价的动态法计算评价指标，从中选出经济效益最好的方案作为推荐方案。

第四章　油气储运工程安全设计与管理技术

第一节　油气储运工程安全设计

一、油气管道安全设计

(一) 管道线路的布置及水工保护

输油气管道路由的选择，应结合沿线城市、村镇、工矿企业、交通、电力、水利等建设的现状与规划，以及沿线地区的地形、地貌、地质、水文、气象、地震等自然条件，并考虑到施工和日后管道管理维护的方便，确定线路合理走向。输油气管道不得通过城市水源地、飞机场、军事设施、车站、码头。因条件限制无法避开时，应采取必要的保护措施并经国家有关部门批准。输油气管道管理单位应设专人定期对管道进行巡线检查，及时处理输油气管道沿线的异常情况。

埋地输油气管道与通信电缆平行敷设时，其安全间距不宜小于10m；特殊地带达不到要求的，应采取相应的保护措施；交叉时，二者净空间距应不小于0.5m，且后建工程应从先建工程下方穿过。

输油气管道沿线应设置里程桩、转角桩、标志桩。里程桩宜设置在管道的整数里程处，每公里一个且与阴极保护测试桩合用。输油气管道采用地上敷设时，应在人员活动较多和易遭车辆、外来物撞击的地段采取保护措施并设置明显的警示标志。

根据现场实际情况实施管道水工保护。管道水工保护形式应因地制宜、合理选用；定期对管道水工保护设施进行检查，发现问题应及时采取相应措施。

(二) 线路截断阀

输油气管道应设置线路截断阀，天然气管道截断阀附设的放空管接地应定期检测，定期对截断阀进行巡检。有条件的管道宜设数据远传、控制及报警功能，天然气管道线路截断阀的取样引压管应装根部截断阀。

(三) 管道穿跨越

输油气管道通过河流时，应根据河流的水文、地质、水势、地形、地貌、地震等自然条件及两岸的村镇、交通等现状，并考虑到管道的总体走向、日后管道管理维护的方便，选择合理的穿跨越位置。考虑到输油气管道的安全性，管道通过河流、公路、铁路时宜采用穿越方式。

输油气管道跨越河流的防洪安全要求，应根据跨越工程的等级、规模及当地的水文气象资料等，合理选择设计洪水频率。位于水库下游20km范围内的管道穿跨越工程防洪安全要求，应根据地形条件、水库容量等进行防洪设计。管道穿跨越工程上游20km范围内若需新建水库，水库建设单位应对管道穿跨越工程采取相应安全措施。输油气管道穿跨越河流、公路、铁路的钢管、结构、材料应符合国家现行的原油和天然气输送管道穿跨越工程设计规范的有关规定。管道跨越河流的钢管、塔架、构件、缆索应选择耐大气环境腐蚀、耐紫外线、耐气候老化的材料并做好防腐。管道管理单位应根据防腐材料老化情况制定跨越河流管道的维修计划和措施。管道穿越河流时与桥梁、码头应有足够的间距，穿越河流管段的埋深应在冲刷层以下，并留有充足的安全余量。采用挖沟埋设的管道，应根据工程等级与冲刷情况的要求确定其埋深。穿越河流管段防漂管的配重块、石笼在施工时，应对防腐层有可靠的保护措施。每年的汛期前后，输油气管道的管理单位应对穿跨越河流管段进行安全检查，对不满足防洪要求的穿跨越河流管段应及时进行加固或敷设备用管段。对穿跨越河流臂段采用石笼保护时，石笼不应直接压在管道上方，宜排布在距穿越臂段下游10m左右的位置。

管道穿公路、铁路的位置，应避开公路或铁路站场、有值守道口、隧道，并应在管道穿公路、铁路的位置设立警示标志。输油气管道穿越公路、铁路应尽量垂直交叉。因条件限制无法垂直交叉时，最小夹角不小于30°，并避开岩石和低洼地带。

输油气管道穿跨越河流上游如有水库，管道管理企业应与水利、水库单位取得联系，了解洪水情况，采取防洪措施。水利、水库单位应将泄洪计划至少提前两天告知管道管理企业，且应避免大量泄洪冲毁管道。

二、油气站场安全设计

（一）平面布置与防火间距

1. 总体布局

油气生产的厂、站、库经常散发易燃、易爆油气，对周围环境存在着易发生火灾的威胁。而其周围的企业、事业单位、服务行业、辅助性生产企业等火源种类复杂多样，对油气生产的厂、站、库也带来许多引燃油气的不安全因素。所以在进行总体布局时，站、厂、库址的选择必须合理布局和满足安全距离的要求，避免相邻企业发生事故。

2. 防火要求

（1）油气源应布置在火源的最小风频风向的上风侧。

（2）按厂、站级别确定防火安全距离。

（3）避免相互影响和干扰，在厂、站、库之间或它们与其他设施之间应留出一定的防火的安全距离。

（4）必须保证任何油气厂、站、库及其外部干线公路能通行车辆，路面不小于3.5m宽。

（5）在油气厂、站、库围墙外侧留出相应的防火空旷地带。

（6）与油气厂、站、库无关的油气管道、电力、电讯线路不得穿越或跨越厂、站、库区。

3. 风向玫瑰图

根据某一地区气象台观测的风气象资料，绘制出的图形成风玫瑰图，分为风向玫瑰图和风速玫瑰图两种，一般多用风向玫瑰图。风向玫瑰图表示风向和风向的频率。风向频率是在一定时间内各种风向出现的次数占所有观察次数的百分比。根据各方向的出现频率，以相应的比例长度，按风向中心吹，描在用8个或者16个方位所表示的图上，然后将各相邻方向的端点用直线连接起来，绘成一个形式宛如玫瑰的闭合折线，就是风向玫瑰图。图中线段最长者即为当地主导风向，建筑物的位置朝向和当地主导风向有密切关系。

4.油气生产设施的总体布局及防火要求

石油库规划时，总平面布置要遵循分区原则、紧凑原则和合并原则。

（1）分区原则。根据生产操作、油气积聚程度及工作方式的不同，石油库内采用分区布置，以便区别对待。

（2）紧凑原则。石油库总平面布置应在保证安全距离的前提下，减少油品在库内的输送和运输距离，减少转折，方便人员操作和装卸。

库区布置应在各分区内适当集中，留有发展余地，避免在将来的发展中有大的变动，各种辅助设施应尽量靠近主要生产设施。

（3）合并原则。在符合生产使用和安全防火的要求下，库内建、构筑物可以合并建造，这样可减少占地面积，节约投资，便于同类及相关生产集中操作管理。

（二）油罐

1.油罐分组

同一个油罐组内一般用来储存火灾危险性相同或相近的油品，甲、乙、丙$_B$类可以布置在同一罐区内；罐区内一般不宜布置不同安装形式的油罐（如立式与卧式罐不宜布置在同一油罐组内）。

同一个油罐组内油罐的总容量应符合下列规定：固定顶油罐组及固定顶油罐和浮顶、内浮顶油罐的混合罐组不应大于120000m³；浮顶、内浮顶油罐组不应大于600000m³。

同一个油罐组内的油罐数量应当符合下列规定：当单罐容量等于或者大于1000m³时，不应多于12座；单罐容量小于1000m³的油罐组和储存丙$_B$类油品的油罐组内的油罐数量不限。

地上油罐组内的布置应符合下列规定：单罐容量小于1000m³的储存丙$_B$类油品的油罐不应超过四排；其他油罐不应超过两排。立式油罐排与排之间的防火距离不应小于5m。卧式油罐排与排之间的防火距离不应小于3m。

2. 油罐基础

地上油罐的基础分为素土层、灰土层、砂垫层、沥青砂垫层。油罐的均匀沉降量不得超过 50mm，基础稳定后，均匀沉降量不得超过 10mm。不均匀沉降量要满足下列要求：

（1）在管壁圆周任意 10m 周长的范围内，沉降差不超过 25mm。

（2）任意直径方向上的沉降差：当油罐直径 $D \leqslant 22m$ 时，沉降值 $< 0.007D$；当 $22m \leqslant$ 油罐直径 $D < 30m$ 时，沉降值 $< 0.006D$。

（3）罐体的倾斜度不得超过设计高度的 1%，最大不超过 90mm。

（4）立式油罐的进油管，应从油罐下部接入；如确需从上部接入时，甲、乙、丙$_A$类油品的进油管应延伸到油罐的底部。卧式油罐的进油从上部接入时，甲、乙、丙$_A$类油品的进油管应延伸到油罐底部。

（5）下列油罐的通气管上必须装设阻火器：储存甲、乙、丙$_A$。类油品的固定顶油罐；储存甲、乙类油品的卧式油罐；储存丙$_A$类油品的地上卧式油罐。

（6）储存甲、乙类油品的固定顶油罐和地上卧式油罐的通气管上应装设呼吸阀。

（7）地上立式油罐应设液位计和高液位报警器，频繁操作的油罐宜设自动联锁切断进油装置，有脱水操作要求的油罐宜装设自动脱水器。

（三）防火堤、隔堤

防火堤主要有两个作用：一是平时防止跑、冒、滴、漏油品流淌外溢；二是一旦发生火灾，阻止油罐内油品火势蔓延。防火堤及隔堤应满足以下设计要求：

（1）防火堤应采用非燃烧材料建造，并应能承受所容纳油品的静压力且不应泄漏；立式油罐防火堤的计算高度应保证堤内有效容积需要。防火堤的实高应比计算高度高出 0.2m。防火堤的实高不应低于 1m（以防火堤内侧设计地坪计），且不宜高于 2.2m（以防火堤外侧道路路面计）。卧式油罐的防火堤实高不应低于 0.5m（以防火堤内侧设计地坪计），如采用土质防火堤，堤顶宽度不应小于 0.5m。

严禁在防火堤上开洞，管道穿越防火堤处应采用非燃烧材料严密填实。

在雨水沟穿越防火堤处，应采取排水阻油措施。

油罐组防火堤的人行踏步不应少于两处，且应处于不同的方位上。

（2）地上立式油罐的罐壁至防火堤内堤脚线的距离，不应小于罐壁高度的一半。卧式油罐的罐壁至防火堤内堤脚线的距离，不应小于3m。依山建设的油罐，可利用山体兼作防火堤，油罐的罐壁至山体的距离不得小于1.5m。

（3）防火堤内的有效容量，应符合下列规定：

①对于固定顶油罐，不应小于油罐组内一个最大油罐的容量。

②对于浮顶油罐或内浮顶油罐，不应小于油罐组内一个最大油罐容量的一半。

③当固定顶油罐与浮顶油罐或内浮顶油罐布置在同一油罐组内时，应取以上两款规定的较大值。

④覆土油罐的防火堤内有效容积规定同上，但油罐容量应按其高出地面部分的容量计算。

（4）立式油罐罐组内应按下列规定设置隔堤。当单罐容量小于5000m³时，隔堤内的油罐数量不应多于6座；当单罐容量等于或大于5000m³至小于20000m³时，隔堤内油罐的数量不应多于4座；当罐容量等于或大于20000m³时，隔堤内油罐数量不应多于2座；隔堤内沸溢性油品储罐的数量不应多于2座；非沸溢性的丙$_B$类油品储罐，可不设置隔堤；隔堤顶面标高，应比防火堤顶面标高低0.2~0.3m；隔堤应采用非燃烧材料建造，并应能承受所容纳油品的静压力且不应泄漏。

（四）油泵房

（1）油泵站宜采用地上式。其建筑形式应根据输送介质的特点、运行条件及当地气象条件综合考虑确定，可采用房间式（泵房）、棚式（泵棚），亦可采用露天式，泵房地坪标高一般比场坪标高高出0.2m。

（2）泵房（棚）的设置应符合下列规定：

①泵房应设外开门，且不宜少于两个，其中一个应能满足泵房内最大设备进出需要。建筑面积小于60m²时可设一个外开门。

②泵房和泵棚的净空不应低于3.5m。

（3）输油泵的设置应符合下列规定：

①输送有特殊要求的油品时，应设专用输油泵和备用泵。

②连续输送同一种油品的油泵，当同时操作的油泵不多于3台时，可设一台备用泵；当同时操作的油泵多于3台时，备用泵不应多于2台。

③经常操作但不连续运转的油泵不宜单独设置备用泵，可与输送性质相近油品的油泵互为备用或共设一台备用泵。

④不经常操作的油泵，不应设置备用油泵。

三、储运消防工程设计

（一）消防系统组成

消防工程设计是石油储运工程建设中一项重要内容，合理设置消防设施对迅速扑灭火灾、确保油气工程的安全生产和节省基建投资都有重要作用。

消防设施的设置应根据站场的规模、油品性质、储存方式、容量、温度、火灾危害及所在区域消防站布局、装备情况及外部协作条件等综合考虑。

对于不同设备设施，消防要求也不相同：单罐容量大于或等于500m³的立式沉降罐宜采用移动式灭火设备；固定和半固定消防系统中的设备及材料应选用专用设备；钢制单盘式、双盘式内浮顶油罐的消防设施按浮顶油罐确定；浅盘式内浮顶、浮盘用易熔材料制作的内浮顶罐消防设施应按固定顶油罐确定。

石油企业内有大量的易燃、易爆、有腐蚀性物质，容易发生火灾爆炸事故。因此在石油企业内，应全面贯彻"以防为主、防消结合"的消防工作方针，在采取防火措施时，应建设相应的消防水源、消防泵房、消防站及配置一定数量的小型灭火器材。

1. 消防水源

水是灭火战斗中最主要的一种灭火剂，它能起到灭火和冷却双重作用。要有足够的消防水量和符合消防要求的水质。足够的消防水是指在灭火延续时间里的消防用水总量。消防用水可由给水管道、消防水池或天然水源，供给应确保枯水期在最低水位消防用水量的要求，并设置可靠的取水设备。

2. 消防管网

消防管网分消防给水管网和消防泡沫混合液管网。前者用于消防冷却、消防灭火和植被泡沫混合液供水；后者用于扑救甲、乙、丙类液体的燃烧火灾，大多建于储油罐区四周。应根据消防对象的重要性、规模大小、站库的地形地貌等条件选择不同形式的消防管网。

建于消防给水管网上的取水栓称为消防栓，建于泡沫混合液管网上的取水栓称为泡沫栓。

3. 消防泵房

凡高压消防管网或临时高压消防管网均要设消防泵房，其规模应能满足火场最大火灾时的冷却用水和泡沫灭火的流量和压力的需要。

消防泵房的位置宜在油罐区全年最小频率风向的下风侧，地坪宜高于油罐区地坪标高，避免流淌火灾的威胁和洪水的影响。

消防泵房应设双电源或双回路，应设置对外联络的通行设施。

4. 灭火器

灭火器是指能在其自身压力作用下，将其内部所充装的灭火剂喷出用以扑救火灾，并由人力移动的轻便灭火工具。

在油气储运工程的站、厂、库及其建筑物内除按防火规范要求设置固定式或半固定式消防设施外，还应配置一定数量的灭火器。

(二) 消防冷却水系统设计

油库消防冷却水系统主要由消防水源（含城市消防给水管网、稳定的天然水源和消防水池）、消防泵站、消防管网、消火栓以及喷淋水设备组成。

1. 消防水源与消防供水量

一、二、三、四级油库应设独立消防给水系统，五级油库的消防给水可与生产、生活给水系统合并设置。缺水少电的山区五级石油库的立式油罐可只设烟雾灭火设施，不设消防给水系统。消防给水系统应保持充水状态，严寒地区的消防给水管道，冬季可不充水。

油库的消防用水量按油罐区消防用水量计算决定。油罐区消防用水量，为扑救油罐火灾配置泡沫最大用水量与冷却油罐最大用水量的总和。但五级石油库消防用水量应按油罐消防用水量与库内建、构筑物的消防计算用水量的较大值确定。

2. 消防给水网

油库消防给水可采用高压给水系统、临时高压给水系统和低压给水系统三种形式。

(1)高压消防给水系统。高压消防给水管网上设置的消防设备(消火栓、消防炮等),不需消防车、机动泵进行加压,均具有防火规范规定的所需压力。一般情况下,采用高压消防给水管网时,在管网最不利点的消防水压力不应小于在达到设计消防水量时所需要的压力。

(2)临时高压消防给水系统。临时高压消防给水系统管网内平时没有消防水压要求,当发生火灾启动消防水泵后,管网内的压力达到高压消防管网压力的要求。设有固定冷却水设备和固定消防灭火设备的油库,常采用临时高压消防给水系统。

(3)低压消防给水系统。这种消防给水管网内的压力不能保证管网上灭火设备的水压要求,因此需用消防车或其他设备加压后才能达到所需的水压。为保证消防车取水,每个消火栓出口处在达到设计消防用水量时,给水压力不小于 0.15MPa。

在有强大移动式灭火设备和消防力量的油库,可采用低压消防给水系统。在无足够移动式灭火设备和消防力量的油库,宜采用高压或临时高压消防给水系统。

油库消防给水管网的布置形式应根据实际情况具体确定:一、二、三级油库油罐区的消防给水管道应环状敷设;四、五级油库油罐区的消防给水管道可枝状敷设;山区油库的单罐容量小于或等于 5000m³ 且油罐单排布置的油罐区,其消防给水管道可按枝状敷设。一、二、三级油库油罐区的消防水环形管道的进水管道不应少于两条,中间用阀门隔开,每条管能通过全部消防用水量。

3. 油罐消防冷却水的供应

(1)油罐冷却的要求。着火的地上固定顶油罐以及距该油罐罐壁 1.5D(D 为着火油罐直径)范围内相邻的地上油罐,均应冷却。当相邻的地上油罐超过三座时,应按三座较大的相邻油罐计算冷却水量;着火的浮顶、内浮顶油罐应冷却,其相邻油罐可不冷却。但距着火的浮顶油罐、内浮顶油罐罐壁

0.4D（D 为着火油罐与相邻油罐两者中较大油罐的直径）范围内的相邻油罐受火焰辐射热影响比较大的局部应冷却。当着火的浮顶油罐、内浮顶油罐浮盘为浅盘或浮舱用易熔材料制作时，其相邻油罐也应冷却；着火的覆土油罐及其相邻的覆土油罐可不冷却，但应考虑灭火时的保护用水量（指人身掩护和冷却地面及油罐附件的水量）；着火的地上卧式油罐应冷却，距着火罐直径与长度之和的一半范围内的相邻罐也应冷却。

（2）油罐消防冷却水供水范围和供给强度。覆土油罐的保护用水供给强度不应小于 0.3L/s·m，用水量计算长度为最大油罐的周长；着火的地上卧式油罐的消防冷却水供给强度不应小于 6L/min·m²，其相邻油罐的消防冷却水供给强度不应小于 3L/min·m²。冷却面积应按油罐投影面积计算；距着火的浮顶油罐、内浮顶油罐罐壁 0.4D（D 为着火油罐与相邻油罐两者中较大油罐的直径）范围内的所有相邻油罐的冷却水量总和不应小于 45L/s。油罐的消防冷却水供给强度应根据设计所选用的设备进行校核。

（3）油罐固定消防冷却方式。单罐容量不小于 5000m³ 或罐壁高度不小于 17m 的油罐，应设固定式消防冷却水系统；单罐容量小于 5000m³ 且罐壁高度小于 17m 的油罐，可设移动式消防冷却水系统或固定式水炮与移动式水枪相结合的消防冷却水系统；油罐抗风圈或加强圈没有设置导流设施时，其下面应设冷却喷水环管；冷却喷水环管上宜设置膜式喷头，喷头布置间距不宜大于 2m，喷头的出水压力不得小于 0.1MPa；油罐冷却水的进水立管下端应设锈渣清扫口。锈渣清扫口下端应高于罐基础顶面，其高差不应小于 0.3m；消防冷却水管道应在防火堤外设控制阀、放空阀。消防冷却水以地面水为水源时，消防冷却水管道上宜设置过滤器。

（4）消防冷却水最小供给时间。直径大于 20m 的地上固定顶油罐（包括直径大于 20m 的浮盘为浅盘或浮舱用易熔材料制作的内浮顶油罐）应为 6h，其他油罐可为 4h。

第二节　雷电和静电预防

一、储运防雷击

据统计，油罐雷击着火爆炸事故着火点的位置都在密封圈处，发生事故的储罐均有二次密封装置，一次密封都是机械式密封。

(一) 雷电现象

雷电现象是一种常见的大气放电现象。在夏天的午后或傍晚，地面的热空气携带大量的水汽不断地上升到高空，形成大范围的积雨云，积雨云的不同部位聚集着大量的正电荷或负电荷，形成雷雨云，而地面因受到近地面雷雨云的电荷感应，也会带上与云底相反符号的电荷。当云层里的电荷越积越多，达到一定强度时，就会把空气击穿，打开一条狭窄的通道强行放电。

当云层放电时，由于云中的电流很强，通道上的空气瞬间被烧得灼热，温度高达 6000～20000℃，所以发出耀眼的强光，这就是闪电，而闪道上的高温会使空气急剧膨胀，同时也会使水滴汽化膨胀，从而产生冲击波，这种强烈的冲击波活动形成了雷声。

地球上，任何时刻都会有约 2000 个地点出现雷暴，平均每天要发生800 万次闪电，每次闪电在微秒级瞬间可释放出 $55kW \cdot h$ 以上能量。

(二) 雷电危害

所谓雷击，是指一部分带电的云层与另一部分带异种电荷的云层 (云闪)，或者是带电的云层对大地之间迅猛地放电 (地闪)。科学工作者的测试结果表明，大地被雷击时，多数是负电荷从雷云向大地放电。

由于雷电释放的能量相当大，它所产生的强大电流、灼热的高温、猛烈的冲击波、剧变的静电场和强烈的电磁辐射等物理效应给人们带来了多种危害。

雷电损害类型：

(1) 由于接触和跨步电压造成生物触电。

(2) 物理损害 (火灾、爆炸、机械损坏和化学物品泄漏等)。

（3）电气和电子系统由于过电压而失效或故障。

（三）避雷针与保护距离

1. 避雷针

防直击雷的有效措施是安装避雷装置，俗称避雷针。避雷针是人为设立的最突出的良导体。在雷云的感应下，针的顶端形成的电场强度最大，所以最容易把雷电流吸引过来，完成避雷针的接闪作用。避雷针有三个组成部分：接闪器、引下线和接地体。其原理是将雷电能量沿设计的路线导入大地。

（1）接闪器：设置在建筑物最高处的金属物，用以吸引雷电。

（2）引下线：连接接闪器和接地体的金属导线，用以将雷电导入大地。

（3）接地体：保持与大地接触的金属导体。

避雷针处于地面建筑物的最高处，与雷雨云的距离最近，由于它与大地有良好的电气连接，所以它与大地有相同的电位，使避雷针附近空间的电场强度比较大，容易吸引雷电先驱，使主放电都集中到它的上面，从而使附近比它低的物体遭受雷击的几率大大减少，而避雷针被雷击的概率却大大地提高。

2. 避雷针保护范围设计

避雷针不但不能避雷反而引雷，它是自身多受雷击而保护周围免受雷击。

由于避雷针与大地有良好的电气连接，能把大地积存的电荷能量迅速传递到雷雨云层中泄放；或把雷雨云层中积存的电荷能量传递到大地中泄放，使雷击而造成的过电压时间大大地缩短，从很大程度上降低了雷击的危害性，这就是避雷针的工作原理。

但需要说明，避雷针必须有足够可靠，并且有接地电阻尽量小的引下线接地装置与其配套，否则，它不但起不到避雷的作用，反而增大雷击的损害程度。

(四) 油库系统雷电预防技术

1. 对可燃、易燃流体储罐的防雷设施要求

对可燃、易燃流体储罐的防雷设施应符合《石油库设计规范》(GB 50074-2014) 有关要求，主要包括:

(1) 当罐顶钢板厚度大于或等于 4mm，且装有呼吸阀和阻火器时，可不设防雷装置。但油罐应有良好接地，接地点不小于 2 处，间距不大于 30m，其接地装置的冲击接地电阻不大于 30Ω。

(2) 当罐顶钢板厚度小于 4mm 时，虽装有呼吸阀和阻火器，也应在罐顶装设避雷针，且避雷针与呼吸阀的水平距离不应小于 3m，保护范围高出呼吸阀不应小于 2m。

(3) 浮顶油罐 (包括内浮顶油罐)，由于密封严密，可不设避雷装置，但浮顶与罐体间应采用两根截面积不小于 $25mm^2$ 的软铜绞线进行可靠的电气连接。

(4) 非金属易燃液体储罐应采取独立的避雷针以防直接雷击。同时还应有防雷感应措施，避雷针冲击接地电阻不大于 30Ω。

(5) 覆土厚度大于 0.5m 的地下油罐可不考虑防雷措施。但呼吸阀、量油孔、透光孔应做良好接地，接地点不少于 2 处，冲击接地电阻不大于 10Ω。

(6) 易燃液体的敞开式储罐应设独立的避雷针，其冲击电阻要大于 5Ω。

(7) 储存可燃油品的油罐都可不装防雷装置。

2. 定期检查接地状况

加强油罐防雷接地的测试，保证防雷设施有效，降低接地电阻值。例如，从罐壁接地卡直接入地的引下线要检查引线是否有破损，螺栓与连接件的表面有无松脱、锈蚀等现象。引下线宜在距离地面 0.3~1.0m 之间装设断接卡。断接卡与引下线的连接应可靠。

3. 布置合理的防雷接地装置

根据气象资料、罐区的容量、罐体材质、单罐容积设计避雷针、线的保护范围，设置防雷接地装置，接地装置的接地电阻必须满足现行国家标准。

4. 大型浮顶罐可不设避雷针

大型储罐上不应装设避雷针，浮顶应与罐体做电气连接，连接导线不少于 2 根，每根导线应选用截面积不小于 $50mm^2$ 的扁镀锡软铜复绞线，连接点用铜接线端子及 2 个 $M12$ 的不锈钢螺栓连接并加防松垫片固定，采用可靠的连接方式将浮盘与罐体沿罐周做均布的电气连接。从雷电泄流的可靠性和畅通性来看，此做法是有利于浮顶罐的电荷泄放的。

5. 等电位保护

储油罐的呼吸阀、安全阀、阻火器、量油孔、人孔、透光孔等金属附件必须保持与罐体的等电位连接。罐区的防直击雷保护接地、防静电接地、电气设备接地和信息系统接地，应共用同一接地装置或进行接地网的等电位连接。储油罐防雷接地引下线不应少于 2 根，应沿罐周均匀或对称布置，接地点之间距离不应大于 30m。

6. 防止罐区可燃气体浓度超标

在雷雨季节可在一、二次密封之间充入微正压的氮气，抑制油气挥发并降低油气混合物中氧气浓度，另外也可以采用负压抽气法，将一、二次密封之间的油气混合物抽离到安全区域，利用自然空气置换密封间可燃油气。

7. 密封的设置

一次密封应有利于消除油气空间或形成液封，并应与罐壁贴合严密。当一次密封选用软密封时，应选择浸入液面的安装方式，密封安装后下部凸出应规则，无扭曲现象；上部应平整，与罐壁应有良好的面接触。

二次密封应采用带油气隔膜的密封结构，安装后应平整，承压板之间间隙均匀、搭接严密。橡胶刮板与罐壁应贴合严密，无缝隙，且具有足够的调节能力以适应罐壁与浮顶周边环向间隙尺寸上的偏差；承压板与浮船板的紧密接触，防止胶条和防蒸发隔膜将浮船与承压板隔绝；橡胶刮板上设置包覆式静电导电片时，除有效的电气连接外，还应增大雷电泄放通道。

二、储运工程防静电设计

在工业生产中，静电现象较为普遍，一方面人们利用静电进行某些生产活动，如利用静电进行除尘、喷漆、植绒、选矿和复印等，另一方面人们要防止静电给生产和人身带来的危害。

(一) 静电产生

静电简单地说是对观测者处于相对静止的电荷。静电的产生主要是两个物体相互紧密接触时，在接触面产生电子转移，而分离时造成两物体各自正、负电荷过剩，由此形成了静电带电。影响静电产生的主要因素有：

1. 物体的种类

接触分离的两物质的种类及组合不同，会影响静电产生的大小和极性。通过大量实测试验，按照不同物质相互摩擦时带电极性的顺序，人们排出了静电带电序列表。

在序列表中任何两物体紧密接触后迅速分开，靠前面的物体带正电，靠后面的物体带负电。在序列表中两物体所处位置相隔越远，静电起电量越多。

2. 物体电阻率

物体上产生了静电，能否积聚起来主要取决于电阻率。静电导体难以积聚静电，而静电非导体在其上能积聚足够的静电而引起各种静电现象，静电亚导体介于其中。一般汽油、苯、乙醚等物质的电阻率在 $10^{10} \sim 10^{13} \Omega \cdot m$ 之间，它们容易积聚静电。金属的电阻率很小，电子运动快，所以两种金属分离后，显不出静电。

水是静电良导体，但当少量的水混杂在绝缘的液体中，因水滴液晶相对流动时要产生静电，反而使液晶静电量增多。金属是良导体，但当它被悬空后就和绝缘体一样，也会带上静电。

3. 物质介电常数

介电常数亦称电容率，是决定电容的一个因素，物体的电容与电阻结合起来，决定了静电消散规律。

4. 杂质的影响

任何物体都不同程度地含有各种杂质，有的杂质是自然存在的，有的是加工时加入的，也有的是在储运过程中难免混入的。杂质的存在不仅影响带电程度，还影响到带电极性。

5. 接触面积、接触压力

接触面积关系到静电产生的范围，所以接触面积越大，产生的静电就越大；接触压力越大，产生的静电就越大。

6.分离速度

物体接触后分离的速度越快，产生的静电越大。

7.环境的温度、湿度

环境的温度、湿度的不同直接影响物体的表面电阻率及电场的分布。

(二) 油品储运中的静电现象

油品储运中，不论是接卸、调合、储存，还是输转、泵装、运输，哪一个过程中的油品都始终处于流动状态、摩擦之中。因此，静电在每个中间环节都是客观存在的，有时条件具备，一个静电火花就会使一座油罐、一个装车台、一辆油罐车或一条油轮瞬间发生着火爆炸。认清静电产生的规律，正确操作，防患于未然，对安全生产十分重要。

(1) 油品在输转过程中管道会产生静电。油品在管道输转过程中，因摩擦会有大量静电产生。静电大小随流速增加而增大，而且和管道内壁粗糙度，管路中阀件、弯头多少有关。实践证明，当流量增加时，管道内静电电流增加值远远超过泵内静电电流增加值。

(2) 油品流经过滤器时会产生静电。为保证产品质量，有些油品，如航煤，在进成品罐和出厂过程中，都要流经过滤器，这时都要产生很高的静电，有时会增加 10 ~ 100 倍，而且不同材质的过滤器产生的静电大小也不相同。

(3) 油品灌装过程中产生静电危害性最大。成品油经泵在向铁路油罐车、汽车油罐车或油轮中装油时，都会产生静电。静电大小和装油流速、鹤管口位置高低、鹤管口形状、管材材质等有关。装油流速太快，其流速大，就会产生万伏静电电位。高位式喷装车因油喷、摩擦也会产生很高的静电，而低位液下装车则产生较小静电。实践表明，由于油品装车产生静电引起爆炸着火的事例最为突出。

(4) 油罐收油及调合过程会产生静电。油罐收油时，特别是罐底有水及其他杂质，油品由于搅动、摩擦会产生静电，而且随进油时间增长直到油罐快满时，油面静电位值才达到最大值。另外，油品在经过喷嘴或风搅情况下，也会使油品产生很高的静电。当油罐接地不好，罐内有异物时，极易产生静电打火，引起油罐着火爆炸。

（5）运送油品的车船在运输过程中也会产生静电。油品装入铁路油罐车、汽车油罐车或油轮、油驳后，在运输过程中，由于油料在罐体或舱内剧烈摇晃、冲击、摩擦，也会产生很高的静电。当电荷聚集到一定程度发生放电时，也很容易引起油气闪爆，造成车船烧毁，这种事例也屡见不鲜。

（6）易燃石油气体进罐及灌装时产生静电危害更大。易燃石油气体压力高，流速快，在进罐或装车、装船、装瓶过程中，由于和罐壁、胶管或油舱剧烈摩擦会产生很高的静电。在设备接地不良情况下，因静电火花也极易引爆瓦斯，使设备、容器爆炸着火，所造成的危害及后果十分严重。

（三）油气储运静电引发火灾爆炸条件

静电起电和由此而形成的正负电荷引起的各种效应，可能构成着火和爆炸的危险。静电作为点火源必须具备以下4个条件：

（1）必须存在产生静电的有效途径。

（2）必须存在积聚分离的电荷条件，并保持一定的电位差。

（3）必须有足够能量的电火花。

（4）静电必须出现在可引燃的混合物中。

（四）油品储运中静电防护措施

防止静电危害的基本措施主要有两条：一是防止并控制静电产生，二是静电产生后予以中和或导走，限制其积聚。在油品储运系统通常采取以下具体措施：

1. 防止人体产生静电

油品储运系统大多都是易爆作业区域，因此严禁穿用由化纤材料制成的衣服、围巾和手套到危险区操作，而且禁止在危险区场所脱掉衣服。禁止用化纤抹布擦拭机泵或油罐容器。所有登上油罐和从事燃料油灌装作业的人员均不得穿着化纤服装（经鉴定的放静电工作服除外）。上罐人员登罐前要手扶无漆的油罐扶梯片刻，以导除人体静电。

2. 石油产品中加入防静电添加剂

在石油产品中加入防静电添加剂，可增加油品的导电性能和增强吸湿性能，加速静电泄漏，减少静电聚集，消除静电危害。

3. 做好设备接地，消除导体上的静电

设备可靠接地是消除静电危害最简单最常用的方法。一切用于储存、输转油品的油罐、管线、装卸设备，都必须有良好的接地装置，及时把静电导入地下，并应经常检查静电接地装置技术状况和测试接地电阻。油库中油罐的接地电阻不应大于10Ω（包括静电及安全接地）。立式油罐的接地极按油罐圆周长计，每18m一组，卧式油罐接地极应不少于两组。

4. 安装静电消除器

静电消除器又叫静电中和器，它是消除或减少带电体电荷的装置。

5. 减少静电的产生

（1）向油罐、汽车油罐、铁路槽车装油时，输油管必须插入油面以下或接近罐底，以减少油品的冲击和与空气的摩擦。必须严格按照操作规程控制易燃液体在管道内的流速。

（2）在空气特别干燥、温度较高的季节，尤应注意检查接地设备，适当放慢装油速度，必要时可在作业场地和导静电接地极周围浇水。

（3）在输油、装油开始和装油到容器的四分之三至结束时，容易发生静电放电事故，这时应控制流速在1m/s以内。

（4）船舶装油时，要使加油管出油口与油船的进油口保持金属接触状态。

（5）油库内严禁向塑料桶里灌轻质燃料油，禁止在影响油库安全的区域内用塑料容器倒装轻质燃料油。

（6）设备内正在进行灌装、搅拌或循环过程时，禁止检尺、取样、测温等现场操作。

（五）石油库防静电设计

（1）储存甲、乙、丙$_A$类油品的钢油罐应采取防静电措施；钢油罐的防雷接地装置可兼作防静电接地装置。金属油罐静电接地点按油罐周长计算，每30m接地一处，且不得少于两处。

（2）浮顶油罐的浮盘与罐体之间，应用两根截面不小于25mm^{2}的软铜线作电气连接并接地，接地电阻不应大于10Ω。

（3）铁路油品装卸栈桥的首、末端及中间处，应与钢轨、输油（油气）管道、鹤管等相互做电气连接并接地，应做三处以上等电位跨接并接地，其接地电阻不应大于10Ω，跨接线的截面面积不应小于48mm²。

（4）石油库专用铁路线与电气化铁路接轨时，电气化铁路高压电接触网不宜进入石油库装卸区。应符合下列规定：

①在石油库专用铁路线上，应设置两组绝缘轨缝。第一组设在专用铁路线起始点15m以内，第二组设在进入装卸区前。两组绝缘轨缝的距离应大于取送车列的总长度。

②在每组绝缘轨缝的电气化铁路侧应设一组向电气化铁路所在方向延伸的接地装置，接地电阻不应大于10Ω。

③铁路油品装卸设施的钢轨、输油管道、鹤管、钢栈桥等应做等电位跨接并接地，两组跨接点间距不应大于20m，每组接地电阻不应大于10Ω。

（5）输油管线系统的所有金属件（包括护套和金属包覆层）均须接地。平行管线间距不足10cm者，每隔20~30m进行一次等电位连接。交叉管线间距小于10cm时，应进行等电位连接。输油管线接地电阻不应大于30Ω，接地点宜设在固定管墩（架）处。

（6）金属管线的法兰连接处、金属软管、金属旋转接头，一般有不少于5根螺栓连接的法兰盘不需跨接。如其一端的接触面为绝缘材料时，应进行跨接。跨接时，其电阻值应小于或等于30Ω。

（7）公路卸油场地的地衡、鹤管、加油枪、管线等均应跨接并设置静电接地装置。

（8）爆炸危险区域等级为0区和1区的作业地面（如轻油泵房、付油间等），不宜涂刷绝缘油漆，严禁使用绝缘橡胶板、塑料板、地毯等绝缘物质铺地，作业地面通道的表面电阻值不应大于10^8Ω。

（9）甲、乙、丙类油品（原油除外）泵房的门外、储罐的上罐扶梯入口处、装卸作业区内操作平台的扶梯入口处作业场所应设消除人体静电装置。

（10）当输送甲、乙类油品的管道上装有精密过滤器时，油品自过滤器出口流至装料容器入口应有30s的缓和时间。

（11）防静电接地装置的接地电阻不宜大于100Ω。

（12）石油库内防雷接地、防静电接地、电气设备的工作接地、保护接地及信息系统的接地等，宜共用接地装置，其接地电阻不应大于4Ω。

第三节　油气管道的完整性管理

一、管线完整性管理

(一) 管道完整性

管道完整性（pipeline integrity）是指管道始终处于安全可靠的受控状态。它包含以下内涵：

(1) 管道在物理状态和功能上是完整的。

(2) 管道处于受控状态。

(3) 管道管理者已经并仍将不断采取措施防止管道事故的发生。

(二) 管道完整性管理

管道的完整性管理是指管道运营商持续地对管道潜在的风险因素进行识别和评价，并采取相应的风险控制对策，将管道运行的风险水平始终控制在合理的和可接受的范围之内。换言之，管道完整性管理是对影响管道完整性的各种潜在因素进行综合的、一体化的管理。

油气管道完整性管理是跨学科的系统工程。它涉及自然科学与工程技术，还包括政策、法律、经济、管理等社会科学。在工程技术层面，完整性管理和石油工程、机械工程、材料科学与工程、工程力学、可靠性工程、信息科学与工程等学科有密切关系。从实用角度，它的关键技术包括失效分析及失效案例库的建立、危险因素与危险源识别技术、风险评价技术、管道检测技术、适用性评价技术、地质灾害评估技术、地理信息系统（GIS）的建立等。

(三) 管道完整性管理的任务

(1) 检测并及时发现管道的损伤情况。

(2) 对管道的损坏及可能引起的后果进行评价。

(3) 修复损坏或减轻管道损坏带来的影响。

(4) 防止或延缓管道损坏的产生。

(四)管道完整性管理的内容

管道完整性管理大体上包括以下内容:

(1)建立完整性管理结构,拟定工作计划、工作流程和工作程序文件。

(2)进行管道风险分析,了解事故发生的可能性和将导致的后果,制定预防和应急措施。

(3)定期进行管道完整性检测和完整性评价,了解管道可能发生事故的原因和部位。

(4)采取修复或减轻失效威胁的措施。

(5)检查、衡量完整性管理的效果,确定再评价的周期。

(6)开展培训教育工作,不断提高管理和操作人员的素质。

(五)管道完整性管理的特点

管道完整性管理体系体现了安全管理的时间完整性、数据完整性和管理过程完整性及灵活性的特点。

1.时间完整性

需要从管道规划、建设到运行维护、检修的全过程实施完整性管理,贯穿管道整个寿命,体现了时间完整性。

2.数据完整性

要求从数据收集、整合、数据库设计、数据的管理、升级等环节,保证数据完整、准确,为风险评价、完整性评价结果的准确、可靠提供重要基础。特别是对在役管道的检测,可以给管道完整性评价提供最直接的依据。

3.管理过程完整性

风险评价和完整性评价是管道完整性管理的关键组成部分,要根据管道的剩余寿命预测及完整性管理效果评估的结果确定再次检测、评价的周期,每隔一定时间后再次循环上述步骤。还要根据危险因素的变化从完整性管理效果测试情况,对管理程序进行必要的修改,以适应管道实际情况。持续进行、定期循环、不断改善的方法体现了安全管理过程的完整性。

4.灵活性

完整性管理要适应于每条管道及其管理者的特定条件。管道的条件不同是指管道的设计、运行条件不同，环境在变化，管道的数据、资料在更新，评价技术在发展。管理者的条件是指该管理者要求的完整性目标和支持完整性管理的资源、技术水平等。因此，完整性管理的计划、方案需要根据管道实际条件来制定，不存在适用于各种各样管道的"统一"的或"最优"的方案。

(六) 油气管道完整性管理的流程

完整性管理由以下步骤组成，并形成闭环系统：

(1) 潜在危险因素的识别及分类。

(2) 数据的采集、整合及分析。

(3) 风险评价。

(4) 完整性评价 (在基于风险的监测前提下进行)。

(5) 完整性评价结果的决策、响应和反馈。

管道完整性管理的基础是完整性评价，包括管道本体的适用性评价、站场设施 (压缩机等) 的故障诊断、地震及地质灾害评估等。现代 IT 技术大大提升了油气管道完整性管理的水平。

(七) 管道的完整性评价

管道完整性评价是在役管道完整性管理的重要环节，主要用于风险排序结果表明需要优先和重点评价的管段。完整性评价内容包括：

(1) 对管道及设备进行检测，评价检测结果。包括用不同的技术检测在役管道，评价检测的结果。

(2) 评价故障类型及严重程度，分析确定管道完整性。对于在役管道，不仅评价它是否符合设计标准的要求，还要对运行后暴露出的问题、发生的变化和产生的缺陷进行评价。

(3) 根据存在的问题和缺陷的性质、严重程度，评价存在缺陷的管道能否继续使用及如何使用，并确定再次评价的周期，即进行管道适用性评价。

二、油气管道的腐蚀和缺陷检测

管线检测是对管线状态进行调查评估，是管道完整性评价的一个非常重要的组成部分。油气管道外检测技术主要有电火花检漏法、管中电流法、DCVG 法。

(一) 电火花检漏法

电火花检漏仪又称涂层针孔检测仪，是用来检测油气管道、电缆、金属储罐等金属表面防腐蚀涂层的针孔缺陷以及老化腐蚀所形成的微孔、气隙点。

1. 电火花检漏的原理

电火花检漏仪通过对各种导电基体防腐层表面加一定量的脉冲高压，金属表面防腐蚀绝缘涂层过薄、漏铁微孔处的电阻值和气隙密度都很小，当检漏仪的高压探极经过针孔缺陷处时，形成气隙击穿产生电火花放电，同时给检漏仪的报警电路产生一个脉冲电信号，驱动检漏电路声光报警。

2. 电火花检漏的特点

易于操作，反应直观，工作效率高，对涂层本身没有破坏。

(二) 管中电流法

管中电流法的特点如下：

（1）适合于埋地钢管防护层质量的检测、评价及破损点的定位、检测管线的走向及埋深、搭接的定位、评价阴极保护系统的有效性。输送管线较长时准确度较高，适于外加电流保护系统，不适于太厚的管道。

（2）操作简便、效率高，可建立数据库。

（3）对穿孔过多的管道或设施过多的管道，如油田生产中的集油环管道或双管流程集、掺水管道，检测误差较大。

(三) DCVG 法

DCVG（Direct Current Voltage Gradient）法是指沿管线且在管线周围测量电压梯度变化以定位涂层缺陷并描述腐蚀活性特征的方法，该技术是目前世界比较先进的埋地管道防腐层缺陷测试技术。

1. DCVG 法的原理

在施加阴极保护的埋地管道上，电流流过土壤介质流入管道防腐层破损而裸露的钢管处，会在管道防腐层破损处的地面上形成一个电压梯度场；随着防腐层破损面积越大和越接近破损点，电压梯度会变得越大、越集中。通过测量高灵敏毫伏表上反映的两个探杖之间的电压指向，判断电压梯度中心，即缺陷位置。

为了简化该技术，通过使用通断器以约 1Hz 的频率以不对称方式进行间歇的阴极保护通 / 断，使施加的阴极保护电流与对管线的所有其他直流影响分开。

2. DCVG 法所需要的设备

（1）在阴极保护输出端上加一个通断器，其自动以 1s 为周期，2/3s 断开，1/3s 接通。

（2）用两个探杖（Cu/CuSO$_4$ 电极）插入检测部位的地面，在毫伏表上显示出两探杖之间的电位差值和产生梯度的电流的方向。

（3）在测量过程中，操作员沿管道以 2m 间隔用探杖（两探杖一前一后）在管顶上方进行测量。

（4）当接近破损点时，毫伏表的指针指向靠近破损点的探极。当跨过此破损点时，梯度数值就会变号，指针指向后方的探极，并且梯度数值会随着远离破损点而逐渐减小。

（5）返回复测，就可以找到梯度值输出为零的位置，这时探杖在破损点两边的同一等位线上，破损点在两探极中间。

（6）在确定一个破损点后，继续向前测量时，要先以每差半米深测一点，在离开这个梯度场后，没有发生梯度数值改变符号，就可以按常规间距去进行测量。

（7）如果在离开一个破损点时又发现梯度数值改变符号，那就说明附近有新的破损点出现。

3. DCVG 法的特点

（1）能够检测出较小的防腐层破损点，并可以精确定位，定位误差为15cm。

（2）可以用于埋地管道防腐层状况的评价，为管道防腐层的维修提供准确、可靠的科学依据。

（3）管道防腐层缺陷处地表电场的描述可确定缺陷的形状以及缺陷所处

管体的位置。

（4）DCVG 法中，由于采用了不对称信号，可以判断管道是否有电流流入或流出，因而可以判断管道在防腐层破损点是否有腐蚀发生，这是其他管道缺陷检测方法所不具备的特点。

4.DCVG 法的局限性

（1）较大的缺陷可能会遮掩较小的缺陷。

（2）除非已经从线路中排除了较大的缺陷，对相邻区域进行重新测量。

（3）测量可能收到来自共用阴极保护系统上的另一条管线（例如平行管线）的错误指示。

（4）有可能由于超出了通断整流器的范围而遗漏了一些指示。

（5）参比电极与地面接触不良，观察不到通／段偏移，读数不稳定，可能需要润湿地面。

（6）防止参比电极同时处于不同类型的地面上，表面具有不同电阻率（例如地与沥青相比），将测量到不同的电压，应避免使一个参比电极在地面上，而另一个参比电极在铺装的道路上。

三、油气管道的内检测

通过智能清管器在待测管线内行走，移动过程中收集管线位置和管壁状态信息，在管线末端取出，通过相应的软件读取记录的信息，从而确定管线损伤情况及损伤位置。

管线检测是通过漏磁、超声波、涡流、录像等技术将检测器从管道的一端放入，检测器在管道内部借助流动介质的推动顺流而下，利用各种技术采集管道内的各种信息，然后从管道的另一端取出，最后进行数据分析和处理，确定管线的腐蚀状况。

目前主要通过各种智能管道检测器实施管道在线检测。基于无损检测理论发展起来的管道检测技术主要分为超声检测、漏磁检测、射线检测、涡流检测及热像显示。

（一）检测方法

1. 漏磁检测技术

漏磁检测的原理是当对铁磁性的被测管道施加磁场时，在管道缺陷附近会有部分磁力线漏出被测管道表面，通过分析磁敏传感器的测量结果，可得到缺陷的有关信息。

该方法以其在线检测能力强、自动化程度高等独特优点而满足管道运营中的连续性、快速性和在线检测的要求，使得漏磁检测成为到目前为止应用最为广泛的一种磁粉检测方法，在油田管道检测中使用极为广泛。此外与常规的磁粉检测相比，漏磁检测具有量化检测结果、高可靠性、高效、低污染等特点。

2. 超声波检测技术

超声波检测技术是利用超声波匀速传播且可在金属表面发生部分反射的特性来进行管道探伤和检测的。它通过电子装置发送出超声波的高频（大于20kHz）脉冲，射到管壁上。反射回的超声波再通过传感器探头接收回来，经过信号放大，显示出来波形。由于不同部位反射到探头的距离不同，因此超声波返回的时间也不同。监测器的处理单元便可以通过计算探头接收到的两组反射波的时间差乘以超声波的传播速度，得到管道的实际壁厚，从而显示出缺陷及腐蚀尺寸。

3. 其他管道内部检测技术

（1）红外热脉冲成像。红外热脉冲成像技术利用针对被检测物性质和检测条件而确定的脉冲热源照射被检测物体，从接收到的一系列物体表面温度场的变化数据，复原出物体内部的结构，用图像方式显示出来。由于红外测温不接触被测物体，不破坏温场，以热图像的形式反映被测物体的二维温度场，直观准确，而且测温距离可远可近，测量范围广，测温速度快。红外热成像技术正是适合一些特种要求需要的检测方法之一。

（2）光学检测技术。接触式测量有可能损伤表面状态，且很难实现高精度与自动化，因此，管道内部无损检测技术应用日益普遍。但传统的NDT技术如涡流技术只能用于某些特定材料制成的管道，超声技术则需要水等传输介质。相比之下，基于光学技术的NDT技术，则以其高的尺寸测量精度及易于自动化而受到重视。新近发展的光学检测法有 CCTV（Closed circuit television）摄像技术、激光光源投射成像技术、激光光学三角法技术、工业内窥镜技术。

（二）输油与输气管道腐蚀、清管及内检测对比分析

1.输油管道内检测方法

漏磁检测方法和超声波检测方法都能用于输油管道的内部检测，涡流式检测器也可以用于检测输油管道。漏磁检测技术对于腐蚀缺陷检测效果较好，而超声波检测最适合裂纹检测。

漏磁检测法适用于检测中小型管道，可以对各种管壁缺陷进行检验，检测的管壁不能太厚，否则会导致干扰因素增多，空间分辨力降低。

对于超声波检测方法来说，由于超声波法对管壁表面平整度要求高，检测结果受管内杂质特别是蜡层的影响大，因此对于管壁结蜡严重而未进行彻底清管的管道不适合。另外，超声波检测存在检测盲区，无法检测到管道即将穿孔的缺陷。

2.输气管道内检测方法

因为超声波检测方法受输送介质限制，难以用于输气管道检测，所以对于输气管道，多数采用漏磁检测方法进行检测，涡流式检测器也可用于输气管道的检测。对于停产的输气管道，要用柴油或水等液体作耦合剂才可用超声波法进行检测，利用电磁超声波就可以免用耦合剂。

第四节　油气管道的剩余强度评价与剩余寿命预测

一、BS 7910 腐蚀管道平面缺陷评价

BS 7910 主要用于平面型缺陷断裂评定。

（一）主要步骤

（1）确定缺陷类型。BS 7910 标准所评定的平面型缺陷分为表面缺陷、埋藏缺陷和穿透缺陷三种类型，对于位置接近的缺陷可以通过计算进行复

合，也就是把小缺陷复合为一个大缺陷，从而可以简化评定过程。BS 7910的附录中对缺陷的复合有详细说明。平面型缺陷包括裂纹、未熔合、咬边、凹面、焊瘤和某些其他类裂纹缺陷等。

（2）建立和相应结构相关的基本数据库。

（3）确定缺陷的尺寸。

（4）评定可能的材料断裂机制和断裂比率。

（5）确定最终失效模式的极限尺寸。

（6）根据断裂比率，评定缺陷是否会在结构的剩余寿命内扩展到极限尺寸，或者在役间隔检查亚临界裂纹扩展。

（7）评定失效后果。

（8）执行敏感性分析。

（9）如果缺陷不会增长到极限尺寸，包含适当的安全因子，则缺陷是可接受的，如果安全因子能考虑到评定的置信度和失效的后果是最理想的。

根据步骤（5）所获得的一系列极限缺陷形状可以确定原始缺陷尺寸在剩余寿命内是否会扩展到这些极限尺寸，从而可以估计平面缺陷容限尺寸。

（二）BS 7910 三级缺陷评定方法

BS 7910中的缺陷断裂评定共分为三个级别，一级简单评定、二级常规评定和三级延性撕裂评定，每种评定采用的方法大致相似。一级评定程序为最简单的评定方法，适用于材料性能数据有限时；二级评定为常规评定方法；三级评定为最高级别评定方法，主要是对高应变硬化指数的材料或需要分析裂纹稳定撕裂断裂时，才考虑使用此方法，对于常用的焊接结构用钢，一般不采用此程序。

对于一级评定认为不可以接受的缺陷，尚可在提高输入数据质量的前提下继续进行验证，或者在满足要求的条件下应用更高级别的评定标准进一步加以验证。

二、ASME B31G 评价方法

在20世纪60年代末，美国一家著名的输气管道公司与美国的 Batelle 研究所合作，开始着手研究管道中各种腐蚀类型的断裂引发行为，包括确定缺陷尺寸和引起缺陷泄漏或爆裂的内压等级之间的关系。该输气公司和Batelle研究所的试验说明，有可能发展一种方法来分析管道中已存在的各种类型的腐蚀。因此，对于管道是否安全地继续服役，还是维修或更换可以做出有效的决定。

对B31G准则的使用结果表明，用它进行评估管道得到的结果偏于保守，使得很多管道进行了不必要的拆除和修复，从而造成很大的浪费。针对原B31G准则的过分保守性，对引起保守的原因进行了分析，分析结果发现主要是以下几个方面的原因：流动应力的定义，Folias系数的近似表达式不正确，腐蚀区金属损失面积的计算不准确，对点蚀和相邻腐蚀的情况没有考虑中间的间隔对腐蚀材料的加强作用。

三、许用应力法

许用应力法是建立在许用应力设计（ASD）法之上的，计算了腐蚀缺陷管道的失效压力（极限承载能力），此失效压力需要乘以一个安全系数，而这个单个安全系数是在原始设计系数的基础上得到的。

在评估腐蚀缺陷时，应考虑到测量缺陷尺寸和管道的几何形状的不确定性。

在相应计算中，要引用拉伸强度极限（UTS）。如果拉伸强度极限未知，那么将使用指定的最小的拉伸强度极限（即用SMTS代替UTS）。一般可通过对管道样本进行标准的拉伸试验或者通过轧钢证书得到UTS的测量值。

当操作温度较高时，应当考虑到材料的拉伸强度会有所减小。要确定拉伸强度减小的程度，应当对真实材料有比较详细的了解。在不了解材料性能的前提下，当管道材料操作温度从50~200℃时，可按线性规律减小10%来计算。

四、基于有限元法的剩余强度分析

近年来，很多学者采用有限元方法分析腐蚀管线的剩余强度，取得了很大的进展，有限元分析主要有弹性分析和非线性分析两种方法。

弹性分析就是以材料的弹性极限为根据分析管线失效。Wang对腐蚀管线进行了弹性分析，提出了一种用弹性极限原则来评估管线剩余强度的方法，推导出了在受内压、轴向载荷和弯曲载荷的情况下管线腐蚀区应力集中系数的计算公式。

非线性分析就是采用三维弹塑性大变形单元，用有限元方法对腐蚀管线进行塑性失效分析，分析中应考虑几何形状和材料的非线性。加拿大的Chouchoaui、Pick、Bin Fu 和 M.G.Kirkwood 等都对腐蚀管线进行了非线性有限元分析，并进行了试验验证。

应用有限元方法对腐蚀管线的剩余强度进行研究，可以考虑多种载荷的联合作用，同时可以模拟复杂的腐蚀形状，使得分析模型更接近于实际，所得结果的精确度和可信度较高。

（一）有限元法概述

1. 有限元基本理论

有限单元法的基本思想是将连续的结构离散成有限个单元，并在每一个单元中设定有限个节点，将连续体看作是只在节点处相连接的一组单元的集合体；同时选定场函数的节点值作为基本未知量，并在每一单元中假设一近似插值函数以表示单元中场函数的分布规律；进而利用力学中的某些变分原理去建立用以求解节点未知量的有限元法方程，从而将一个连续域中的无限自由度问题化为离散域中的有限自由度问题。一经求解就可以利用解得的节点值和设定的插值函数确定单元上以至整个集合体上的场函数。

由于单元可以设计成不同的几何形状，因而可灵活地模拟和逼近复杂的求解域。显然，如果插值函数满足一定要求，随着单元数目的增加，解的精度会不断提高而最终收敛于问题的精确解。虽然从理论上说，无限制地增加单元的数目可以使数值分析解最终收敛于问题的精确解，但是这却增加了计算机计算所耗费的时间。在实际工程应用中，只要所得的数据能够满足工程需要就足够了，因此，有限元分析方法的基本策略就是在分析的精度和分析的时间上找到一个最佳平衡点。

有限元法是根据变分原理求解数学物理问题的一种数值方法，其理论基础就是微分方程的解与其变分原理的等价原理，并通过求解变分原理获得微分方程的解。具体做法是，需要先进行离散化，将连续的物体分解成小的单元，然后通过物理方程和几何方程获得单元刚度矩阵，最后组合成总体刚度矩阵，或者叫系统刚度矩阵。在引入边界条件后，使相应的线性方程组得到进一步简化，最后求解方程组，获得关于连续体的应力－应变场信息。有限元的核心思想是结构的离散化，就是将实际结构假想地离散为有限数目的规则单元组合体，实际结构的物理性能可以通过对离散体进行分析，得出满足工程精度的近似结果来替代对实际结构的分析，这样可以解决很多实际工程需要解决而理论分析又无法解决的复杂问题。

2. 有限元法的优越性

有限元法处理问题的特点，使其具有独特的优越性，主要表现在以下几个方面：

（1）能够分析形状复杂的结构。

（2）能够处理复杂的边界条件。

（3）能够保证规定的工程精度。

（4）能够处理不同类型的材料。

3. 有限元常用术语

（1）单元。结构单元的网格划分中的每一个小的块体称为一个单元，常见的单元类型有线段单元、三角形单元、四边形单元、四面体单元和六面体单元几种。由于单元是组成有限元模型的基础，因此单元的类型对于有限元分析是至关重要的。一个有限元程序所提供的单元种类越多，这个程序的功能则越强大。

（2）节点。确定单元形状的点就叫节点。例如，线段单元只有两个节点，三角形单元有三个或者六个节点，四边形单元至少有四个节点，等等。

（3）载荷。工程结构所受到的外在施加的力称为载荷，包括集中力和分布力等。在不同的学科中，载荷的含义也不尽相同。

（4）边界条件。边界条件就是指结构边界上所受到的外加约束。在有限元分析中，边界条件的确定是非常重要的因素。错误边界条件的选择往往使有限元中的刚度矩阵发生奇异，使程序无法正常运行。施加正确的边界条件是获得正确的分析结果和较高的分析精度的重要条件。

（二）ANSYS 有限元软件简介

ANSYS 是融结构、流体、电场、声场分析于一体的大型通用有限元分析系统，已广泛用于航空航天、机械、能源、电工、土木工程等领域。

1. ANSYS 发展过程

ANSYS 公司总部位于美国宾夕法尼亚州的匹兹堡，目前是世界 CAE 行业最大的公司。其创始人 John Swanson 博士为匹兹堡大学力学系教授、有限元界的权威。ANSYS 公司一直致力于分析设计软件的开发和维护，领导着有限元界的发展趋势，并为全球工业界所广泛接受，拥有全球最大的用户群。ANSYS 软件的最初版本与今天的版本相比有很大的区别，最初版本仅仅提供了热分析及线性结构分析功能，是一个批处理程序，只能在大型计算机上使用。20 世纪 70 年代初，增加了非线性、子结构等功能和更多的单元类型。20 世纪 70 年代末，图形技术和交互式操作方法的应用使得 ANSYS 无论在性能上还是在功能上都得到了很大改善。ANSYS 经过四十多年的发展，使得其软件更加趋于完善，功能更加强大，使用更加便捷。

2. ANSYS 的分析过程

结构的离散化是有限元分析的第一步，它是有限元法的基础。结构的离散化就是把要分析的结构划分成有限个单元体，并在单元体的指定位置设置节点，把相邻单元在节点处连接起来组成单元的集合体，以代替原来的结构。若分析的结构是连续弹塑性体，则为了有效地逼近实际连续体，就要根据计算精度的要求和使用计算机的容量大小，合理地选择单元的形状，确定单元的数目和较优的网格划分方案。

对于不同方面的有限元分析，ANSYS 所提供的基本分析过程均大同小异，总的可以表述如下：

（1）建模。包括确定工作文件名，定义单元类型、实常数、材料属性，划分网格等一系列工作。

（2）施加载荷并求解。包括施加位移约束条件、外力作用、温度载荷以及求解。

（3）提取分析结果。此过程先进入通用后处理器，由此可以绘制结构的变形过程，绘制应力分布图等。

第五节　油气管道剩余寿命预测

一、基于裂纹发展模型的腐蚀管线剩余寿命预测

管内压力的波动和环境载荷的周期性变化，造成管壁应力的循环变化。具有初始腐蚀裂纹的管道在循环载荷作用下，即使最大载荷产生的应力强度远小于材料的断裂韧性，裂纹也会慢慢扩展，一旦达到临界尺寸，立即失稳扩展，突然断裂。因此，寿命预测的关键在于：

(1) 建立腐蚀缺陷裂纹扩展速率数学模型并进行求解。

(2) 确定给定腐蚀缺陷尺寸下的临界腐蚀缺陷尺寸。

一般管道在交变应力的作用下，裂纹沿着管壁厚度扩展。当裂纹的深度达到管壁厚度时，管道发生泄漏。发生泄漏以后，如果没有及时发现并加以修理，裂纹则沿着管道的轴向继续扩展下去，直至裂纹沿着管道轴向的长度达到临界裂纹长度而发生断裂。一般在发生泄漏以后，如果发现及时，管道可以修理，避免产生断裂事故。断裂造成的经济损失比泄漏要大得多。在事故的总数中，断裂占1/3，单纯泄漏占2/3。所以预测管道泄漏前的剩余寿命对预防泄漏事故的发生，进而避免断裂事故是必要的。

二、最大腐蚀坑深的极值统计处理及使用寿命估测方法

(一) 方法概述

应用极值统计中的二重指数分布公式和 Gumbel 概率纸作图法，由小面积测量区上的最大腐蚀坑深度值推算大面积上整个调查部位的最大腐蚀坑深度。然后，应用幂指数形式的局部腐蚀进展公式来估计最大腐蚀坑深度达到金属壁厚时的使用寿命。

(二) 最大腐蚀坑深度估算

最大腐蚀坑深度可由应用极值统计法进行测算。由小面积上测得的最大腐蚀坑深可以估算大面积试样的最大腐蚀坑深，将最大腐蚀坑深数据从小到大排成一个序列，求出各数据的累计分布函数值，将该值和其相应的坑深

值绘于 Gumbel 概率纸上。所得的实验点应近似为一条直线。

应用极值统计法应注意事项：

（1）原则上，极值统计处理时数据量越多，统计预测的可靠性也越高，按一般经验，数据量不应少于 16～20 个。

（2）用来处理数据和用于预测的目标应当属于同一样本体系，即要保证所有测量区和要预测的腐蚀状况基本一致；如果不符合此条件，可以适当地缩小测量和预测区域的范围，以满足上述条件。

（3）测量点面积（长度）和预测面积（长度）的比值，即放大因子不宜过大，一般应控制在 1000 以下，否则会造成较大误差。

（4）当测量数据在 Gumbel 概率纸上作图得不到直线时，说明数据分布不符合二重指数分布模型，其原因可能是测量上的问题，也可能是腐蚀体系类型的问题。如属后者，可试用极值统计方法中的其他分布函数形式来计算。

第六节　油气管道流动安全保障技术

一、集输管道积液预警与控制

(一) 超声积液监测装置

超声波积液检测系统主要包括检测传感器部分、同步控制电路、超声发射电路、超声波信号接收电路、视频信号处理电路、增益位置调整、采样模式控制、波门控制器、同步跟踪控制、接口模块控制器、通信接口、主控计算机系统、I/O 接口模块、检测小车控制器、伺服电机控制、位置检测电路等。

超声传感系统核心部件为超声传感探头，超声探头耦合在被测管道的管外壁上，超声探头同时具有发射和接收超声信号的功能。超声探头在管外向管内垂直发射高频超声波，超声波在管内壁与内部介质界面处发生反射，反射回来的回波信号重新被超声探头接收。行走定位系统由周向轨道主要记录超声回波信号特征发生突变位置，根据超声积液监测原理，此处即为气液界面。探头轨道系统主要为探头沿管道周向行走提供路径和向导，探头定位系统用于显示超声探头实时周向角度。

（二）积液控制技术

1. 轴心射流积液清管控制技术

轴心射流清管器中心开有旁通管，顶部安装有射流喷嘴；旁通的气体吹扫清管器前的液塞，使液体在更长的管段分布，抑制了清管前端段塞流的生成，减小了末端分离器的波动。由于射流孔的作用，清管器前后压差较小，清管器速度较低，可避免清管时产气量的大幅调低，减少清管作业对生产的影响。

2. 轴心射流清管器

中国石油大学（华东）研发了清管器，结构由筒体骨架、密封皮碗、导向盘、射流喷嘴、喷嘴支座、止回阀门等组成。射流喷嘴安装在清管器前端固定槽内，射流喷嘴有多种孔径，可以根据需要调节，为了防止在爬越上倾管路时液体回来，在尾部安装有止回机构。止回机构由进气阀和弹簧组成，可对进气量进行自适应调节，以保证清管器的平稳运行。

3. 气液螺旋流携液技术

涡旋流在自然界中十分常见，例如龙卷风等，它属于湍流中一种特殊而规则的涡旋运动。涡旋流的基本特征是具有一个与轴向速度相当量级甚至更高数值的切向速度，其大小和分布对旋流的流动特性及应用有决定性影响。

二、输油管道蜡沉积预测与控制

（一）原油蜡沉现象及危害

原油中的石蜡是指十六烷以上的正构烷经的混合物，其中中等相对分子质量的蜡组分含量最多，低相对分子质量和高相对分子质量的蜡所占的比例都比较小。蜡在原油中的溶解度随其相对分子质量的增大和熔点的升高而下降，随原油密度和平均相对分子质量的减小而增加。不同熔点的蜡在同一种原油中有不同的溶解度。含蜡原油在温降过程中，其中所含的蜡总是按相对分子质量的高低，次第析出。当温度降到其含蜡量高于溶解度时，某种熔点的蜡就开始从液相中析出。由于蜡晶粒刚开始析出时，不易形成稳定的结晶核心，故原油常在溶蜡量达到过饱和时，才析出蜡晶。

所谓的原油管道的蜡沉积，是指原油中的蜡结晶析出并与胶质、沥青质、部分原油及其他杂质沉积在管道内壁上，根据分析统计，我国含蜡原油管道沉积物中石蜡含量一般在40%～50%，胶质、沥青质含量在10%～20%，此外还包括30%～40%的凝油和一定量的砂、铁锈等。

管壁上的凝结层一般比较松软，且沉积物有明显的分界，紧贴管壁的是黑褐色发暗、类似细砂的薄层，其组成主要是蜡，是真正的结蜡，有一定的剪切强度，这一层的厚度一般只有几毫米，与管壁黏结较牢固，在蜡层上面是厚度要大得多的黑色发亮的沉积物，主要是凝油，即在蜡和胶质、沥青质构成的网络结构中包含着部分液态黏油。在管道沿途某一温度范围内是结蜡高峰区，过了结蜡高峰区后结蜡层有减薄现象，在末端结蜡层厚度又上升，这是由于油流带来的前面冲刷下来的"蜡块"重新沉积的缘故。

蜡沉积发生后使流通截面减少，摩阻增大，管道输送能力降低；同时又增大了油流至管内壁的热阻，使总传热系数下降，并使输送费用增加，严重时会导致管道堵塞。

(二) 管道清蜡技术

目前长输管道上广泛采用的是清管器清蜡。目前最常用的清管器有机械清管器和泡沫塑料清管器。在机械清管作业中，一项重要的工作就是确定清管周期。清管周期长，则动力消耗大，热损失小，清管费用也小；而清管周期短，动力消耗小，但热损失和清管费用大。因此，存在一个使总费用最小的最优清管周期。确定最优清管周期有两种方法。一种方法是根据过去历次的清管实践，统计计算出不同清管周期下的总费用，通过比较选择最优清管周期，这种方法的计算工作量相当大，且有很大的局限性。另一种方法是列出该问题的数学模型，通过优化方法进行求解，但这种方法要求知道管壁的结蜡规律(即结蜡层厚度与时间的关系)。

第七节　油气管道泄漏检测与定位技术

一、泄漏检测的重要性

管道运输作为一种新兴的、发展潜力巨大的运输方式，随着近些年来突飞猛进的发展，现已跻身于五大运输行业之一。与此同时，管道安全运营的问题倍加突出，也逐渐受到各界的重视。泄漏事故一旦发生，便会造成一连串十分严重的连锁反应，如能源浪费、经济财产损失、环境破坏等。因此，管道泄漏检测与定位技术已经成为重要的研究课题。泄漏点定位是管道泄漏检测中一项关键技术，如何快速准确地确定泄漏点的位置是管道泄漏检测系统的重要组成部分。

管道的老化、锈蚀、突发性自然灾害及人为破坏等，都会造成管道破裂乃至泄漏，如不及时发现并加以制止，不仅造成经济损失，污染环境，还会危及人身安全，甚至造成灾难事故。因此，对管道泄漏检测技术的研究是有实际意义的。

其实际意义主要表现在以下几个方面：

（1）为管道安全运行提供了保障。对由于管道腐蚀、突发性自然灾害以及人为破坏等造成管道破裂乃至泄漏所造成的管道安全问题及时报警，大大提高了管道运行的安全性。

（2）减少盗油案件的发生。对于输油管道泄漏盗油进行实时监测报警，能够随时发现盗油情况，及时予以抓捕，从而有力地打击犯罪分子的嚣张气焰，起到很好的威慑作用，减少盗油案件的发生，减少国家损失。

（3）减少巡线工作量。由于生产运行管理人员能够随时掌握管道的运行状况，能够知道泄漏是否发生以及泄漏点的位置，大大减轻了对管道的巡查工作压力，使巡查工作能够做到有的放矢，减少了盲目巡查工作量。

（4）减少漏油损失。一旦泄漏发生后，站上管理人员能够立即得知泄漏位置和泄漏孔径，从而迅速采取相应的措施，减少泄漏损失以及由此带来的环境污染和经济损失。

（5）提高长输管道的现代化管理水平。实现了管道进出站的数据的自动采集与处理，实现了管道安全运行的自动监控，为管理层决策提供了依据。

二、管道泄漏检测方法综述

对管线的泄漏在某一段时间所进行的测试，叫作检测（Inspection），若在相当长的一段时间内连续不断地实行检测，称为监测（Monitoring）。管道泄漏检测技术的分类方式有多种，根据检测对象的不同，大致可分为直接检漏法和间接检漏法。

（一）直接检漏法

1. 人工巡线

由有经验的技术人员携带检测仪器设备或经过训练的动物分段对管道进行泄漏检测和定位，或者在管道沿线设立标志桩，公布管道所辖单位的电话号码，管道发生泄漏时由附近居民打电话报警。这类方法定位精度高，误报率低，但依赖于人的敏感性、经验和责任心。最初，油气长输管道的泄漏监视常采用人工巡线的方法。但该方法不能及时发现油气泄漏，只有在管道泄漏处表面出现油迹，气味散发才能发现，局限性较大。

近年来搭载热成像相机的无人机开始用于管道巡线，通过红外图像记录管道附近土壤温度异常来发现泄漏。

2. 检漏电缆法

检漏电缆法多用于液态烃类燃料的泄漏检测。电缆与管道平行铺设，当泄漏的烃类物质渗入电缆后，会引起电缆特性的变化，并被转变为电信号或光信号输出，通过特定的仪器即可知泄漏的发生。

检漏电缆法能够快速而准确地检测管道的微小渗漏及其渗漏位置，但其必须沿管道铺设，施工不方便，且发生一次泄漏后，电缆受到污染，在以后的使用中极易造成信号混乱，影响检测精度，如果重新更换电缆，将是一个不小的工程。

3. 示踪剂检测法

将放射性示踪剂掺入管道内的介质中。管道发生泄漏时，放射性示踪剂随泄漏介质流到管道外，扩散并附着于周围的土壤中。位于管道内部的示踪剂检漏仪随着输送介质而行走，可在360°范围内随时对管壁进行监测。示踪剂检漏仪可检测到泄漏到管外的示踪剂，并记录下来，确定管道的泄漏部位。该方法对微量泄漏检测的灵敏度很高，但检测操作时间较长，工作量较大。

4. 光纤检漏法

用光纤进行泄漏检测的技术已经比较成熟，光纤检漏法分为塑料包覆石英光纤传感器检漏、分布式光纤温度传感器检漏。

(二) 间接捡漏法

1. 负压波法

(1) 负压波法原理。当泄漏发生时，泄漏处因流体物质损失而引起压力下降，这个瞬时的压力下降向泄漏点的上下游传播。当以泄漏前的压力作为参考标准时，泄漏产生的减压波成为负压波。其传播速度与声波在流体中的传播速度相同，传输距离可达几十公里。通过安装在管道上、下游的传感器检测到负压波的时差以及传播速度，可确定泄漏的具体位置。

负压力波法是一种声学方法，所谓负压力波，实际是在管输介质中传播的声波。当管道上某处突然发生泄漏时，由于管道内外的压差，泄漏点的流体迅速流失，在泄漏处产生瞬态压力突降。泄漏点两边的液体由于压差而向泄漏点处补充。这个瞬变的压力下降作为振动源以声速通过管道中的原油向上下游传播，相当于泄漏点处产生了以一定速度传播的波，在水力学上称为负压波。负压波的传播速度在不同的输送介质中有所不同，在液体油中大约为 1000 ~ 1200m/s。

由于管道的波导作用，经过若干时间后，包含有泄漏信息的负压波分别传播到数十公里以外的上下游，由设置在管道两端的传感器拾取压力波信号。再经过检测系统的分析处理，根据泄漏产生的负压波传播到上下游的时间差和管内压力波的传播速度就可以估算出泄漏位置。

(2) 负压波的传播。当管线破裂发生泄漏时，泄漏点的流体压力突然下降，管内流动因边界条件的改变，产生压力降，压力波以声速由泄漏处向上、下游传播，这种负压波的传播介质是管内流体，主要受流体黏性、可压缩性、体积膨胀系数、流速等物理性质影响，衰减比较缓慢，可以根据负压波到达不同传感器的时刻推算波源的距离来估算泄漏位置。

2.压力梯度法

压力梯度法是一种技术上不太复杂，常被使用的一种泄漏定位方法。管道发生泄漏时，会在漏失点产生额外的压力损失，使其上游的压力梯度较陡，而下游的压力梯度较为平缓，根据上游站和下游站的流量等参数，计算出相应的水力坡降，然后分别对上游站出站压力和下游站进站压力作图，其交点就是理想的泄漏点。

3.流量平衡法

该方法基于管道流体流动的质量守恒关系，在管道无泄漏的情况下进入管道的流体质量流量应等于流出管道的质量流量。当泄漏程度到一定量时，入口和出口就形成明显的流量差。检测管道多点位的输入和输出流量，就可判断泄漏的程度及大体位置。

4.实时模型法

实时模型法是今年来国际上着力研究的检测管路泄漏的方法。它的基本思想是根据瞬变流的水力学模型和热力学模型考虑管道内流体的速度、压力、密度以及黏度等参数变化，建立起管道的实时模型，在一定的边界条件下求解管内流场，然后将计算值与管端的实测值进行比较。当实测与计算值偏差大于一定范围时，即认为发生了泄漏。

第八节　油库安全运行与管理

油库中储存的大量油品，其特殊的化学组成及理化特性，使其具有易燃、易爆、易挥发、有毒、易渗透、易带电、易流失等危险特性，给油库带来了诸多不安全因素，使油库环境具有相当的危险性。因此，安全管理工作涉及面广，理论性和实践性很强，搞好油库安全管理工作具有特殊重要的意义。

油库安全管理是油库管理工作的重要组成部分，主要工作包括制定油库安全工作方针、原则，建立安全规章制度，健全安全管理组织，采取安全防范措施，正确处置和评估安全事故，开展安全科学研究，做好油库电气防爆、防雷击、防静电危害、防中毒窒息、消防管理等。其目的是防止发生事故，避免国家财产、人民生命遭受意外损失和伤害，确保油库安全。

油库是炼油厂和用油单位的中间环节，是产销的纽带。油品的危险性和油库作业的特点，决定了安全工作必须贯穿于油库收储发的全过程。安全工作稍有疏忽就可能酿成事故。

一、罐内作业安全管理

凡是进入罐内进行检查、测试、清洗、除锈、涂装、检修、施焊等工作都属罐内作业的范围。另外，在罐室、地坑、管沟、检查井或其他易于集聚油蒸气现场工作，也应根据具体情况视为罐内作业，应考虑安全问题。

(一) 罐内作业程序

罐内作业程序是：腾空准备——清除底油——通风换气——气体检测——进罐作业。腾空准备、清除底油、气体检测等都是罐内作业的准备工作。

(二) 罐内作业的安全要点

罐内作业是油库危险性较大的一项作业，从以往罐内作业发生的事故看，主要是中毒窒息和爆炸。其原因主要有：不通风换气，盲目进罐；用闸阀隔离，油蒸气窜入；不采取安全措施，擅自进罐；救人心切，不戴安全装具进罐；使用电气、工具不符合安全要求；防护器具穿戴不符合要求，或者技术状况不好；脱离岗位，无监护人员，以及蛮干和瞎指挥；等等。针对事故原因提出的罐内作业安全要点是：

1. 可靠隔离

需要进入罐内作业的油罐，必须将与其相连的设备、油管、呼吸管、通风管等可靠隔离，绝不允许油蒸气等有害气体窜入。

2. 通风换气

每次进罐作业前必须经过通风换气，排除有害气体；罐内作业中宜保持通风，特别是化学清洗、化学除漆、涂装、除锈等易产生有害气体、粉尘的作业，必须保证罐内作业全过程通风。

3.气体监测

进罐作业前应对罐内气体进行检测，作业中应根据情况进行抽检，保证罐内气体中有害物质含量符合安全卫生要求。

4.罐外监护

罐内作业应两人（含）以上，罐外一般宜派两人监护。监护人员应位于能经常看到罐内操作人员的地方，眼光不得离开操作人员；监护人员除向罐内操作人员递送工具、材料外，不得从事其他工作，更不准擅离岗位；发现罐内有异常时，应召集有关人员，将罐内受害人员救出进行急救；如果无人代理监护人，在任何情况下，监护人也不得自己进入罐内；凡进罐抢救人员，必须戴防毒面具、安全带等防护器具，决不允许不采取任何防护措施而冒险进罐抢救。

5.用电安全

罐内作业照明和使用的电动工具必须使用防爆型电器，防爆等级应符合场所安全要求，电压不得超过12V，电缆应采用重型橡套类型，且中间无接头、无破损，不得承受拉力。罐内油蒸气浓度在爆炸下限的40%以上时，应视为0级场所，不得使用电器设备，不宜进罐作业。罐内动火作业必须符合动火作业的安全要求。

6.个人防护

罐内作业应做好个人防护，操作人员应进行全身防护，穿戴好工作帽、工作服、工作鞋，皮肤不得外露。

7.空中作业

罐内作业使用的升降机具、脚手架、梯子等的安全装置应齐全、完好，并有防滑措施。

8.急救措施

根据油罐安全情况及作业的危险性，事前应做好相应的急救准备工作。如在罐下部无人孔的油罐内或下部无出入口的罐室内作业时，应使用具有腰带（胸带）和肩带（肩带中央有铁吊环）的安全带，监护人应握住安全带的一端，一旦发生危险时可迅速将受害者呈站立姿势拉出罐外；罐外应至少准备一套隔离防毒面具等急救用品。

二、水运散装油料收发作业安全管理

(一) 水运装卸设施

(1) 装卸油码头：是供水运油船装卸油品及停泊用的油库专用码头。主要有近岸式固定码头、近岸式浮码头、栈桥式固定码头、浮筒式单点系泊系统、浮筒式多点系泊系统等。

(2) 输油臂是油船在装卸过程中与岸上连接的输油导管，必须能适应油船的浮动和吃水深度的变化。目前国内广泛使用的是拉锁式输油臂。

(3) 油船是装载油品的主要设施，根据有无自航能力，分为油轮和油驳。

(4) 装卸油泵房是为油品运输装卸提供动力的场所，分为固定泵房和浮动泵房。

(5) 输油及辅助管道。

(6) 各种类型的油罐。

(二) 码头装卸工艺

从油船卸油可用油船上的油泵。若储油区与码头高差较大或者距离较远，一般在岸上设置缓冲油罐，再用中继油泵将罐中油品输送至储油区，向油船装油一般采用自流方式。

(三) 水路收发油作业程序

1. 收油准备

(1) 接到业务部门下达的到港计划后，质量人员拟定收油方案，经批准后明确作业任务。

(2) 接船：操作人员协助油船做好停靠码头，上船索取证件，核对运号、船号等。

(3) 质量验收：化验员按规定，上船取样进行接收化验，核对随船化验单。

(4) 作业前的检查：操作人员检查通信设备、收油品种、收油罐液位及相关附件、流程开启情况、消防器材等，同时做好静电接地。

2.下达收油指令

班组长或油库值班领导检查准备工作是否完成，特别应注意油品的化验结果，和计量人员一道登罐量油、核对工艺流程。

3.收油作业

（1）开泵输油：接到收油指令，油船开泵输油。

（2）输油中的检查：巡检人员对作业工艺相关设备重点巡检，发现问题立即报告，及时处理，必要时停止作业。船方指定人员和油库操作人员坚守岗位，加强联系，密切配合，观察油舱、油罐液位变化情况、泵的工作情况等。

4.收油结束

（1）当作业结束时，操作人员接到准备停泵命令后，关停油泵，关闭相关阀门，油库通知罐区人员关闭罐前阀门。

（2）油舱底油抽扫，真空罐内油品应及时抽空。

（3）现场人员清理作业现场。

（4）收油罐静止达到规定时间后，计量员按规定计量、核算油品数量并记录。

第九节　LNG 安全运行与管理

一、LNG 物性

LNG（Liqefied Natral Gas）具有气液膨胀比大、能效高、易于运输和储存、清洁环保等优点，通过汽化后，可为用户提供优质高效的清洁能源。

LNG 的主要成分为 CH_4，常压下沸点在 -162℃左右，气液比约为 600：1。其液体密度约 456kg/m³，此时气体密度约 1.5kg/m³。

在天然气液化厂内将天然气进行净化、液化和储存。液化冷冻工艺通常采用以乙烷、丙烷及混合冷冻剂作为循环介质的压缩循环冷冻法。通常采用 LNG 船进行运输，达到码头后进入接收终端，再通过汽化后进入管网分配给用户。

二、间歇泉及控制

如果储罐有较长的而且充满 LNG 的竖直管道，管路阀门处会有较多的漏冷，管内产生的 BOG 需要积聚到一定的压力上升到储罐液面，这部分 BOG 温度较高，上升时与液体进行热交换，液体大量闪蒸，使储罐内压力骤然上升，有可能导致储罐安全阀开启。

在管内液体被 BOG 推向储罐的同时，管内空间被排空，罐内液体会迅速补充到管内，又重新开始 BOG 的积聚过程，一段时间后再次形成喷发，这种间歇时喷发成为间歇泉；管内液体被 BOG 排空与重注形成水锤现象。

水平管中积存不流动的 LNG，立管中 LNG 不断汽化，同时水平管中气泡（段塞流）移动到立管逸出，而使水平管中的 LNG 因立管液注压力突然减小而迅速汽化，从而导致大量气液冲向储罐；每几个小时循环一次，反复进行；一般不会对卸料管造成损害，但重复性的冲击将可能带来破坏。因此要有效消除间歇泉现象，可通过改善低温管线的保温效果来实现。

三、急冷和水击及控制

急冷和水击是由于 LNG 的低温和液体特征引起的。急冷是由于在管道的顶部和底部形成温度梯度，导致管道在支架间挠曲，由于应力高，挠曲现象可导致事故。水击是由于阀门的快速关闭、开启或停泵时产生一个瞬时的流体压力，致使流体的流速突然发生改变而造成的。

设计施工阶段充分考虑 LNG 低温性造成的管道收缩，采取合理的补偿方式以及在合理的管段设置补偿点；运行过程中严格执行设备预冷制度，严禁热态直接进液；为防止水击，低温设备、管线采用低温截止阀等行程较长类型阀门，避免开启速度过快。

LNG 汽化站设备、管道施工完成后，由于超低温及 LNG 特殊要求，在正式投产之前，必须采用中间介质进行低温预冷，经过预冷检验调试合格后方可接受 LNG，其过程也是对设备及工程的检验，通常采用液氮作为预冷介质。汽化站内的主要设备有 LNG 储罐、BOG（蒸发气）罐、汽化器、增压器、BOG 加热器、EAG（放散排空气体）加热器及相关工艺管道及管件，LNG 储罐的预冷是汽化站预冷中的主要内容。

四、快速相变（冷爆炸）危害及控制

当 LNG 大量泄漏遇到水的情况下（集液池中的雨水），LNG 的密度比水小，因此 LNG 浮在水面上，由于水与 LNG 间有非常高的热传递速率，水与 LNG 间的接触面激烈地蒸发，其蒸发速率达在 0.18kg/（$m^2 \cdot s$），几乎不受时间的影响，使得其接触面压力迅速升高发生冷爆炸。

因此虽然 LNG 都设置有消防水系统，但只能用来灭储罐周边火灾、降温或水幕墙隔离防止大量 LNG 扩散。在场站管理中如遇到储罐区大量的 LNG 泄漏，严禁用水直接喷淋到 LNG 或 LNG 蒸气上。应逐步改变一遇到火灾或燃气泄漏就用水喷淋的思维定式，应分清情况，不同情况、不同地点采取不同的应急措施。

第五章　长距离下的石油管道运输

第一节　长距离输油管道概述

一、输油管道的分类

按照长度和经营方式，输油管道可划分为两大类：一类是企业内部的输油管道，例如油田内部连接油井与计量站、联合站的集输管道，炼油厂及油库内部的管道等，其长度一般较短，不是独立的经营系统。另一类是长距离输油管道（简称长输管道），例如将油田的原油输送至炼油厂、码头或铁路转运站的管道，其管径一般较大，有各种辅助配套工程，是独立经营的企业。这类输油管道也称为干线输油管道。长距离输油管道长度可达数千公里，管道直径一般为 200 ~ 1220mm。

按照所输送油品的种类，输油管道又可分为原油管道和成品油管道。长距离成品油管道一般采用多种油品在管道中"顺序输送"的方式运行。

按输送过程中油品是否需要加热，输油管道还可分为常温（等温）输送管道和加热输送管道。汽、煤、柴油等成品油及低凝点、低黏度轻质原油的输送一般不需加热，但凝点及黏度较高的原油（常称为"易凝高黏原油"）或重质燃料油常需加热输送。

二、长距离输油管道的组成

长距离输油管道由输油站与线路两大部分组成。输油站的主要功能是给油品加压、加热。管道起点的输油站称首站，其任务是接收来自油田、炼油厂或港口的油品并经计量后输向下一站。

输送过程中由于摩擦、地形高差等原因，油品压力不断下降，因此在长距离管道中途需要设置中间输油泵站，给油品增压。对于加热输送的管道，油品在输送过程中温度逐渐下降，要有中间加热站给油品升温。输油泵站与加热站设在一起的称热泵站。

管道终点的输油站称末站，其任务是接收管道来油，向炼油厂或铁路、水路转运。末站设有较多的油罐，以及用于油品交接的较准确的计量系统。

长距离输油管道的线路部分包括管道本身，沿线阀室，通过河流、公路、山谷的穿（跨）越构筑物，阴极保护设施，通信与自控线路等。

长距离输油管道由钢管焊接而成，一般采用埋地敷设。为防止土壤对钢管的腐蚀，管外都包有防腐绝缘层，并采用电法保护措施。长距离输油管道上每隔一定距离设有截断阀室，大型穿（跨）越构筑物两端也有，其作用是一旦发生事故可以及时截断管内油品，防止事故扩大并便于抢修。通信系统是长距离输油管道的重要设施，用于全线生产调度及系统监控信息的传输，通信方式包括微波、光纤与卫星通信等。

三、长距离输油管道的特点

（一）长距离输油管道的优点

除了管道运输，原油和成品油的运输方式还有铁路、公路和水路运输。与其他三种运输方式相比，管道运输具有独特的优点：

（1）运输量大。不同于车、船等其他运输方式，输油管道可以连续运行。

（2）运费低，能耗小。

（3）输油管道一般埋在地下，较安全可靠，且受气候环境影响小，对环境污染小。运输油品的损耗率较铁路、公路、水路运输都低。

（4）建设投资小，占地面积少。管道埋在地下，投产后有90%的土地可以耕种，占地只有铁路的1/9。

（二）长距离输油管道的缺点

虽然管道运输有很多优点，但也有其局限性：

（1）主要适用于大量、单向、定点运输，不如车、船运输灵活、多样。

（2）在经济上，对一定直径的管道有一经济合理的输送量范围。输量高于或低于此数值都使运输成本上升，输量变化超过一定范围甚至会影响到管道输送的经济合理性。因此，要求管道输量应尽可能接近设计输量。为此，在管道建设时须根据油田的储量和开发速度准确地确定管道直径。中外均有对油田产量估计过高造成所建管道直径过大的例子，不仅增加了管道建设投资，而且由于管道利用率低、单位运输成本高，严重影响输油企业的经济效益。此外，每一个油田都存在开发初期、鼎盛时期和产量递减期，因此，即使对于建设规模合理的原油管道，也存在输量由小到大，持续一段时间后又下降的过程。此外，对于一定的输油量，还有经济合理的最远输送距离的制约。

(3) 有极限输量的限制。对于已经建成的管道，其最大输量受泵的性能、管子强度的限制。对于加热输送管道，还存在最小输量的限制。输量减小时，管内原油温降加快，当输量小到一定程度时，油品进入下一个加热站前温度将降至安全极限以下。

第二节　长距离输油管道的工艺设计

一、输油管道的水力特性及泵站布置

(一) 输油管道的压能损失

管道输送流体的过程就是压能的供给与消耗的过程。输油管道的压能消耗主要有两部分：一部分用于克服地形高差，这部分压能损失与输量无关；另一部分是与输量有关的摩擦损失，包括油流通过直管段时的摩擦损失（简称沿程摩阻）和油流通过各种阀件、管件时的摩擦损失（简称局部摩阻）。长输管道站间管路的摩擦损失主要是沿程摩阻，局部摩阻只占 1% ~ 2%，而站内管路的摩阻主要是局部摩阻。

在额定输量下运行的原油管道一般处于水力光滑区，低输量的黏稠原油管道可能进入层流区。以紊流光滑区为例，沿程摩阻与管路长度、流量的 1.75 次方及黏度的 0.25 次方成正比，与管径的 4.75 次方成反比。因此，管道输量的增大将导致摩阻压降明显增大，而加大管径对于降低摩阻有非常显著的作用。

（二）管路的工作特性及泵站 – 管路系统的工作点

长输管道一般使用离心泵。单台泵不能满足输量或压力要求时，泵站可以采用几台泵并联或串联工作的方式运行。泵站的特性是指泵站的扬程（即泵站的能量供应）与排量的关系。

在长输管道中，泵站与管道组成了一个水力系统，管道所消耗的压能（包括终点所要求的剩余压力）必然等于泵站所提供的压能，即二者必然会保持能量供求的平衡关系。管道的流量就是泵排量，泵站的总扬程就是管道需要的总压能。泵站 - 管路系统的工作点是指在压力供需平衡的条件下，管道流量与泵站出站压力等与参数之间的关系。

设计时一般先根据水力计算结果在纵断面图上布置泵站，然后到现场勘察，并与各有关方面协商后确定站址，再进行水力核算，必要时做适当调整。管道纵断面图是在直角坐标表示管道长度与沿线高程变化的图形。其横坐标表示管道的实际长度，常用比例为 1：10000 到 1：100000，纵坐标为线路的海拔高程，常用比例为 1：500 到 1：1000。

在纵断面图管道首站位置上往上作垂线，按纵坐标比例截取长度等于泵站出站压头的线段，从其顶端开始作水力坡降线（单位长度管路的摩阻损失称水力坡降）。水力坡降线与纵断面线的距离就是管内油流的动压力，两线相交说明此处管道的压力能已消耗完，必须给油流加压才能继续往前输送，即此处需要设置一个中间泵站。

二、输油管道热力特性及加热站的布置

对于易凝高黏的原油或重质燃料油，常需采用加热输送，以降低油品黏度从而降低输送阻力，或保持油温在油品凝点以上，防止油品在管内凝结。输送过程中油品因与环境换热而温度下降，因而输送一定距离后需要再次加热。

油流在管道中的温降与输量、环境条件、管道散热条件、油温等因素有关。总传热系数是热力计算的关键参数。对于埋地管道，油流的传热主要有三个过程：油流与管壁的对流换热、管壁（包括沥青绝缘层和保温层）的热传导，以及管外壁至周围土壤的传热（包括土壤的导热和土壤至大气及地

下水的放热）。对于埋地不保温管道，总传热系数值主要取决于管壁至土壤的传热。总传热系数值可以通过理论或经验公式计算，但由于土壤导热系数的影响因素很多，一般难以得到准确的计算结果。设计时，一般按经验方法取总传热系数值。

加热站出站油温的确定需要考虑油品的黏度 - 温度关系、油品蒸汽压、管道热应力和防腐层的耐热能力等，而进站温度的确定还要考虑油品的凝点（我国现行输油管道运行规范要求进站温度需高于油品凝点3℃）。确定了加热站间的起、终点温度后，按冬季地温，进而根据管道总长可以算出加热站数；为了便于管理，应尽可能使加热站与泵站合并。因此在布站时，加热站与泵站的位置要相互调整。

实际上，输油管道的水力、热力特性是相互影响的。管道输量变化时，油品的温降规律也要发生变化，而温度条件的变化反过来又影响管道的压降规律。加热输送管道工艺设计过程是首先进行热力计算，得出全线所需加热站数；按加热站间管道进行水力计算，根据全线所需压头计算所需泵站数；在线路纵断面图上布置加热站、泵站并进行调整；根据布站结果再核算水力和热力状况。

三、输油管道的优化设计

显然，管道线路的走向和管道的设计方案对其投资和运行成本有很大影响，因此，管道设计参数需要优选。例如，在一定任务数量下，提高管道运行压力将可以减少中间泵站、节省泵站建设的投资，但这要求管子有更高的强度（需提高管子用钢的等级和 / 或增大管子壁厚等），以及需要更高扬程的泵，还涉及设备技术指标的约束（管子耐压和泵扬程的提高有一定限度），因而存在最优工作压力。再如，对于加热输送管道，在一定任务输量下，提高加热温度可使油品黏度下降，从而减小输油泵的电能消耗，其代价是燃料油消耗上升；反之，降低输送温度可节省燃料油消耗，但导致耗电量增加。类似地，油温上限还受管道热应力、防腐层耐热性能等因素的约束，油温下限则受油品物性的约束。

一般地，在等温输油管道的设计中，若把线路走向、管径、管材、管壁厚度、泵机组型号、运行参数等都作为变量考虑，可能的设计方案数目非常多。对于加热输送管道，还涉及进出站温度、加热方式与设备、管道埋深的确定及管道保温的选择等。为了确定输油管道的最优设计参数，必须采用最优化的数学方法、借助计算机求取数值解。这是一个涉及非线性规划、动态规划、整数规划等的多目标综合性规划问题，有关的变量有连续变量、离散变量、整形变量，约束条件有等式及不等式以及线性及非线性方程，衡量方案好坏的标准除了要求投资及经营费用低外，还要求施工期短、运行可靠性好、对环境的污染及危险小等。目前国内外已有一些输油管道优化设计的软件。设计中，一般用优化方法计算出每一方案中的最优参数，再进一步用比选法确定最终采用的优化设计方案。

第三节　输油泵站与加热站

一、输油站的基本组成

输油站包括生产区和生活区两部分。生产区内又分为主要作业区与辅助作业区。

输油站的主要作业区包括：

（1）输油泵房：它是全站的核心，设有若干泵 - 原动机组及其辅助装置。

（2）加热系统：用于加热管输油品。为了站内输油管道伴热的需要，还有热水或蒸汽伴热系统。

（3）油罐区：输油管道的首、末站及中间站都需设置油罐。首、末站的油罐分别用于调节来油、收油（或转运）与管道输量的不均衡，所需的罐容量较大。以"旁接油罐"方式运行的管道，其中间站设置旁接油罐，以平衡进出站的输量差。密闭输送管道的中间站设置供水击泄放用的小容量油罐。

（4）阀组间：由管汇和阀门组成，用于改变输油站的流程。输油管道上常用的阀门有截断阀、单向阀、泄压阀、减压阀、调节阀与安全阀等。阀门的驱动方式有手动、电动、气动、液动、电 - 液及气 - 液联动。

（5）清管器收发装置：由清管器发放、接收筒及相应的控制系统组成。清管器用于清除施工过程中遗留在管内的机械杂质等堆积物，以及清除输油过程中沉积在管内壁上的石蜡、油砂等沉积物。检测管子变形和腐蚀状况的内检测器也通过清管器收发装置发送及接收。

（6）计量间：用于管输油品的交接计量。计量系统由流量计、过滤器、温度及压力测量仪表、标定装置和通向污油系统的排污管等组成。输油管道上常用的是容积式流量计，例如原油管道上一般用腰轮流量计、刮板流量计，对黏度较小的油品多用涡轮流量计。

（7）站控室：输油站的监控中心，是站控系统与中央控制室联系的枢纽。自控系统的远程终端、可编程序控制器等主要控制设备都设于此。

（8）油品预处理设施：多设于首站，包括原油热处理、添加化学剂等。

辅助作业区包括：供电系统、输油管道的自控与生产调度及日常运行管理等所需的通信系统、供热系统、供 / 排水系统、消防系统、机修间、油品化验室、办公室等。

二、输油泵与原动机

输油泵是输油泵站的核心设备。由于输油管道的特点，输油泵应满足以下条件：排量大、扬程高、效率高、可长时间连续运行、便于检修和自控。离心泵具有排量大、运行平稳、易于维修等优点，因而在长输管道上得到广泛应用，但离心泵在输送高黏油品时效率较低，因此在一些输送高黏油品的管道上采用了螺杆泵。输油泵的原动机上要有电动机，其次为柴油机和燃气轮机。

（一）离心泵

输油管道用的离心泵按用途可分为给油泵与输油泵。给油泵是由罐区向输油泵供油，以满足其正压进泵的要求，故给油泵扬程不高。在单台输油泵不能满足管道扬程或输出要求时，可采用几台输油泵串联或并联运行。离心泵的运行方式及泵机组数根据工艺计算确定。

串联用离心泵的排量大、扬程低、效率较高。密闭输送管道在站间高差不大，泵的扬程主要用来克服沿程摩阻损失时，采用串联泵较多。在多泵站密闭输送的管道上，泵机组串联工作时的调节灵活性较大。每个泵站上选用扬程不同的串联泵，开泵方案变化后，泵站扬程变化，全线可供选择的开泵方案很多，便于优化运行。但站间高差很大、泵的压头主要用于克服高差时，离心泵宜并联运行。并联运行的离心泵站不一定采用型号相同的输油泵，以提高调节的灵活性。

(二) 原动机

输油泵的原动机主要有电动机、柴油机和燃气轮机。使用何种原动机需根据泵的性能参数、原动机的特点、能源供应情况、管道自控及调节方式等因素确定。

1. 电动机

电动机在输油管道上应用最多。它比柴油机价廉、轻便、体积小、维护管理方便、工作平稳、便于自控、防爆安全性好，但它依赖于庞大的输配电系统。一个大型输油泵站的电功率可达 10000kW 或更大。电动机的另一个缺点是输油的可靠性受供电可靠性的影响，一旦停电会造成一站或多站停输，甚至全线输油中断。

驱动输油泵可采用同步或异步电动机。国外现代化输油管道的泵机组大多露天设置，我国输油管道上的泵机组一般都安装在室内。露天设置的电动机有两种类型：开式的气候防护型与全封闭型。泵机组在室内安装时必须采取防爆措施，一种是设隔爆墙，将输油泵与电动机隔开；另一种是不设隔爆墙，采用防爆型或全封闭强制通风型电动机。

2. 柴油机

在供电不能满足要求的地区，可采用柴油机驱动离心泵。与电动机相比，它的不足之处是体积大、噪声大、运行管理不方便、易损件多、维修工作量大、需解决燃料供应问题等。近年来，柴油机燃用原油的技术发展较快，国外已有多条管道采用以原油为燃料的柴油机。但由于不同原油物性差异很大，用作柴油机燃料时需做一定的处理。

当功率较大时，柴油机的体积、重量很大，故其主要适用于缺乏电源而机组功率不大的中、小型管道。缺乏电源时，大型管道上一般选用燃气轮机。

3. 燃气轮机

燃气轮机单位功率的重量和体积都比柴油机小得多，可以用多种油品与天然气作为燃料，运行安全可靠，便于自控，故在输油管道上的应用日益增多，其主要缺点是效率低，功率为 2200kW 的燃气轮机的效率为 25%左右。

三、加热系统

加热系统是加热输送管道的关键设备，也是主要的耗能设备。对输油管道加热炉的要求是热效率高、流动阻力小、能适应管道输量变化、可长期安全运行。

按油流是否通过加热炉炉管，长输管道上的加热系统分为直接加热与间接加热两种。前者在加热炉中直接加热油流，后者是使热媒通过加热炉升温后，进入换热器中加热原油。

(一)直接加热式加热炉

这种加热炉设备简单、投资少，应用普遍。但油品在炉管内直接加热，存在结焦的可能。一旦断流或偏流，容易因炉管过热使原油结焦，甚至烧穿炉管造成事故。

我国输油管道使用的加热炉主要有方箱型、圆筒型和卧式圆筒型加热炉。方箱型加热炉是 20 世纪 70 年代设计建造的。由于其热效率低(约75%)、占地多、投资大、施工周期长、自动化程度低，在新建的加热炉中已很少使用。圆筒形加热炉构造简单、占地面积小、热效率高(近90%)，建造、维护和操作方便，是炼油厂最常用的炉型，也用于长输管道。卧式圆筒形加热炉吸收了炼油厂加热炉和引进的热煤炉的优点，其辐射室为卧式圆筒形，对流室为直立方型，底盘为撬座结构，其间用短节加紧固件连接。全炉可拆卸为辐射室、对流室、烟囱和附件四大部分。

(二)间接加热系统

间接加热系统由热媒加热炉、换热器、热媒罐、热媒泵、检测及控制仪表组成。热媒是一种化学性质较稳定的液体，高温时蒸汽压较低，也不存在结焦的可能；对金属没有腐蚀性；黏度较小，低温时也可以泵送。热媒加热炉的原理、结构与直接加热的加热炉相似，只是炉管内加热的是热媒而不是管输的油品。热媒在炉中加热至 260 ~ 315℃，进入管壳式换热器与管输的油品换热，加热油品。加热系统有两套温度控制系统，分别控制热媒和油品的温度，故能适应管道输量的大幅度变化。

间接加热系统的优点：管输的油品不通过加热炉炉管，不会因偏流等原因导致结焦；热媒对金属无腐蚀性，其蒸汽压低，加热炉可在低压下运行，故炉子的寿命长；适用于加热多种油品，能适应输量的大幅度变化；热媒炉热效率高（可达92%），原油通过换热器的压降小（不大于0.05MPa）。其主要缺点是系统复杂、占地面积大、造价较高（比直接加热炉高3～4倍）、耗电量较大。直接加热方式的优缺点与此相反。

第四节　输油管道的运行及控制

一、输油泵站的连接方式

长距离管道中各输油泵站相互连接的方式（也称为管道的输送方式）主要有两种形式："旁接油罐"输送方式和密闭输送方式。

(一)"旁接油罐"输送方式

上一站来的输油干线与下一站输油泵的吸入管道相连，同时在吸入管道上并联着与大气相通的旁接油罐。旁接油罐起到调节两站间输量差额的作用，由于它的存在，长输管道被分成若干个独立的水力系统，即每一个泵站与由其供应能量的站间管道构成一个水力系统。因此，以这种方式运行的管道便于控制，对管道的自动化水平要求不高，但不利于能量的充分利用，存在罐内油品的挥发损耗。

(二) 密闭输送方式

密闭输送也叫"从泵到泵"输送。它是上一站来的输油干线与下一站输油泵的吸入管道相连，正常工作时没有起调节作用的旁接油罐。它的特点是各站的输量必然相等，各站的进出站压力相互直接影响，全线构成一个统一的水力系统。这种输油方式便于全线统一管理，但需要有可靠的自动控制和安全保护措施。现代化的输油管道均采用密闭输送方式。

二、输油管道工况的调节

泵站 - 管道系统的工作点由系统的能量供需关系决定。当管道的输量由于某种原因需要改变时，泵站 - 管道系统的能量供需关系发生变化。输量减小时，离心泵的扬程增加，而管道的摩阻损失反倒减小；输量增大，变化趋势相反。为了维持管道的稳定运行，就需要对系统进行调节。输油管道的调节就是通过改变管道的能量供应 (改变泵站特性) 或改变管道的能量消耗 (改变管路特性)，使之在给定的输量下达到新的能量供需平衡，保持管道系统不间断、经济地输油。

改变泵站特性的方法有：

（1）改变运行的泵站数或泵机组数。这种方法适用于输量变化范围较大的情况。

（2）调节泵机组转速。这种方法一般用于小范围的调节。对于电动机驱动的离心泵，常采用变频调速的方法。

（3）更换叶轮。通过改变叶轮直径，可以改变离心泵的特性。这种方法主要用于调节后输量稳定时间较长的情况。

改变管道工作特性最常用的方法是改变出站调节阀的开度，人为地改变局部阻力，即把多余的能量消耗在节流上。这种方法操作简单，但能源浪费大。当泵机组不能调速时，输量的小范围调节常用这种方法。

三、输油管道的水击及其控制

输油管道正常运行时，油品的流动基本上属于稳态流动，但由于开泵和停泵、阀门的开启和关闭、泵机组转速调节、流程切换、管道中途卸油或注入油品等正常操作，以及因停电或机械故障保护而导致泵机组停运、阀门的误关闭、管道泄漏等事故，都会使流速产生突然变化，进入瞬变流动状态。由于液流的惯性作用，流速的突然变化将引起管内压力的突然上升或下降，即产生"水击"。管道中液流骤然停止引起的压力上升速率较大时可达 1MPa/s，压力上升幅度较大时可达 3MPa，压力的变化随流速的变化速率而不同。水击的压力波在输油管道内以 1000 ~ 1200m/s 的速度传播。水击压力的大小和传播过程与管道条件、引起流速变化的原因及过程、油品物性、管道正常运行时的参数（例如流量及压力）等有关。可以通过计算机程序模拟水击情况下管道压力的变化及压力波的传播过程。

水击对输油管道的直接危害是导致管道超压，包括两种情况：一是水击的增压波（高于正常运行压力的压力波）有可能使管道压力超过允许的最大工作压力，引起强度破坏（管道破裂）；二是水击的减压波（低于正常运行压力的压力波）有可能使稳态运行时压力较低的管段压力降至液体的饱和蒸气压，引起液柱分离（在管路高点形成气泡区，液体在气泡下面流过），其导致管道失稳变形，对于建有中间泵站的长距离管道，减压波还可能造成下游泵站进站压力过低，影响下游泵机组的正常吸入。因此，在设计过程中，对管道要采取一定的保护措施。

管道水击保护的措施主要有泄放保护及超前保护。泄放保护是在管道一定地点安装专用的泄放阀，当水击增压波导致管内压力达到一定极限时，通过阀门泄放出一定量的油品，从而削弱增压波，防止水击造成危害。超前保护是在产生水击时，由管道控制中心迅速向有关泵站发出指令，各泵站采取相应的保护动作，以避免水击造成危害。例如，当中间泵站突然停泵时，泵站进口将产生一个增压波向上游传播，这个压力与管道中原有的压力叠加，就可能在管道中某处造成超压而导致管道破裂。此时若上游泵站借助调压阀节流或通过停泵产生相应的减压波向下游传播，则当减压波与增压波相遇时压力互相抵消，从而起到保护作用。显然，超前保护必须依赖于高度自动化的管道控制系统。

第五节　顺序输送

一、顺序输送的特点

与输送单一油品的管道相比，多种油品的顺序输送具有以下特点：

（1）由于经常周期性地变换输油品种，所以与输送单一油品的管道相比，顺序输送管道在起终点要建造较多的油罐，以调节供油、输油与用油之间的不平衡。因此，对于短距离管道采用顺序输送在经济上不一定合理。

（2）两种油品交替时，在接触界面处将产生一段混油。生产实践表明，在紊流状态下输送时，混油量一般为管道总体积的 0.5% ~ 1%。因此，顺序输送管道需要有一套混油控制、跟踪、检测、切割、处理的措施和设备。

（3）大型的油品顺序输送系统往往是面向多个炼厂和多个用户，管网多点输入和输出油品，油品品种多，批量大小不一。显然，各种油品输入/输出的量和时间将对管道的运行工况产生显著影响。此外，虽然每种油品的批量越大，相对的混油损失越小，但此时首、末站或中间分输点所需建造的油罐也越多，此外，面向市场的管道系统还应尽量满足客户的要求。因此，多种油品的顺序输送系统对输油计划和调度的要求比输送单一油品的管道复杂得多。

（4）由于油品的物理性质（黏度、密度等）存在差异，当两种油品在管内交替时，随着油品在管内运行距离的变化，管道的运行参数处于缓慢的变化中。而当混油通过泵站时，泵站的特性（例如出站压力）将在较短时间内发生变化，从而导致泵站-管道系统工作点的变化。再加上油品的多点输入输出，使得管道的运行参数处于不断的变化中。要保证管道系统安全、高效、经济地运行，必须借助计算机系统进行仿真与监控。

二、顺序输送中的混油及其控制与处理

（一）混油及其影响因素

两种油品在管内交替时，产生混油的原因主要有两个：一是管道横截面上流速分布不均，使后行油品呈楔形进入前行油品中；二是管内流体沿管道径向、轴向的紊流扩散作用。层流流动时，管中心流速比平均流速大一倍，故后行油品会进入前行油品，形成楔形油头。在浓度差的作用下，两种油品的分子相互扩散，形成混油。这种混油处可达管道总容积的若干倍。因此，顺序输送管道不应在层流下运行，管内紊流的速度分布较层流均匀。造成混油的主要原因是紊流扩散作用。随着雷诺数增加，相对混油量（混油量与管道总容积之比）开始快速下降，当雷诺数大于50000时，相对混油量随雷诺数变化很小。

在某一雷诺数以下曲线较陡（陡斜区），雷诺数大于该值时曲线较平（平坦区）。显然，为了减少混油量，顺序输送管道应在平坦区运行。对于一定

的管道和确定的几种油品（黏度范围一定），控制流态主要通过流速的控制来实现，而对于新管道的设计，正确选定管径是非常重要的。

油品的输送次序对混油量有影响一般的规律是：油品交替时，若黏度小的油品顶替黏度大的油品，其混油量要大于黏度大的油品顶替黏度小的油品。有数据表明，这一差值可达 10% ~ 15%。这是由于黏度大的油品流动时的黏性底层较厚，同时其与管壁的黏滞力也较大，这两个因素都导致混油量加大。

在输油首站或中间输入点，两种油品交替时的流程切换将产生一定量的混油（称初始混油）。初始混油量的大小取决于切换油罐的速度、泵吸入管道的布置和泵站排量。输送过程中，混油段通过中间泵站或分输站时，由于站内管道的存油、站内管阀件的扰动以及过泵剪切等的影响，混油长度也会增加。因此，顺序输送管道应采用密闭输油方式运行，并尽量简化中间站流程。管道停输时，在地形起伏较大的管段，不同油品在密度差的作用下产生运移也将使混油量增加。

(二) 混油段的跟踪和检测

混油段跟踪和检测的结果是顺序输送管道运行调度、混油切割和处理的重要依据。根据油品切换时间及运行时间、混油浓度分布公式、管道运行参数等，可以建立混油界面跟踪的数学模型，并进行计算机仿真，但混油段中两种油品的浓度一般需通过检测仪器才能确定。

混油浓度检测的方法有两大类：物性指标检测与外加标记物检测。

混油的密度与两种油品的密度及它们的浓度间存在线性加和关系。因此，采用在线密度计，连续检测管道中油品的密度，可推断混油的浓度及其变化。声波在液体中传播的速度与液体的密度等性质有关。

添加标记物的方法是在油品切换时，在油品的接触区把少量记号物质（荧光燃料、化学惰性气体等）添加到油流中。记号物质与油流一起流动并随混油段扩散。通过检测这些物质的浓度分布，便可确定混油段及混油界面。

在不同原油顺序输送或原油—成品油顺序输送时，还可通过在线检测原油中的某些特殊组分的含量（例如高硫原油与低硫原油顺序输送时可检测含硫量），实现混油界面检测。

（三）减少混油量的措施

可以采取一些专门措施减少混油量，例如使用机械隔离器或液体隔离塞。

常用的机械隔离器有橡胶隔离球，以及皮碗型机械隔离器。隔离器（球）的直径一般比管内径大 1% ~ 2%，以便在隔离器与管壁间产生一定的密封作用。实际上，由于隔离器两端存在压差、管道变形等原因，隔离器前后油品的相互泄漏是不可避免的。对于一条具体的管道，影响隔离效果的因素有球（皮碗）的过盈度及耐磨性、隔离器的数量及间距、油品种类、流速等。

液体隔离塞是在交替的两种油品间注入缓冲液，包括与这两种油品性质接近的第三种油品，这两种油品的混油、凝胶体等。例如汽油与柴油交替时，可在两者之间放入一段煤油或汽油与柴油的混合油，由于汽油和柴油中允许混入煤油的浓度比汽油中允许混入柴油或柴油中允许混入汽油的浓度大若干倍，从而使需处理的混油量减少。

（四）混油的接收及处理

顺序输送管道一般在管道终点接收混油。混油处理的方法包括重新加工、降级使用或者按一定比例回掺到纯净油品中。某一种油品中允许混入另一种油品的比例与这两种油品物理化学性质的差异，以及油品的质量潜力有关。性质越接近，质量潜力越大，则允许混入另一种油品的比例也越大。为了减少混油处理量，顺序输送管道中对油品的排序有一定要求。

如果前后两种油品的性质比较接近，且两种油品的储罐容量都较大时，有可能将整个混油段分割为两部分，前一部分进前行油品的油罐，后一部分进后行油品的油罐。这种处理方式操作最简单。当两种油品的性质差异较大，或质量潜力有限等原因不能采取这种处理方法时，就要设置混油罐。混油段中前行油品含量较高的一部分混油进前行油品的油罐，后行油品含量较高的一部分进后行油品的油罐，而混油段中间的那部分进入混油罐。具体的切割方案要根据每种油品允许混入另一种油品的量确定。混油罐中的混油可运回炼厂重新加工，或者就地建设小型常压分馏装置。

三、原油—成品油顺序输送

在运输流向相同时，如果能够实现原油和成品油的顺序输送，则可更充分地利用管道的运力，节省建设投资。原油与成品油的顺序输送除了具有成品油顺序输送的特点和存在问题外，还有一些特殊的问题与难点，例如：原油中胶质、沥青质、蜡和机械杂质在输送过程中会黏附或沉积在管壁上，在成品油段到来之前，如何有效地消除这些污染物是必须解决的问题。再如，易凝高黏原油通常采用加热输送，而对成品油的加热不仅浪费能源，还会对管道运行造成不利影响，因此易凝高黏原油与成品油顺序输送的难度更大。

第六节　油品的减阻、节能、安全输送工艺

一、易凝高黏原油及其改性输送的必要性

我国各油田所产原油按其流动性质可分为两大类：第一大类是轻质原油，例如塔里木油田的塔中原油；第二大类是易凝高黏原油，包括含蜡量较高的易凝原油（含蜡原油），例如大庆原油、胜利原油、中原原油、华北原油等，以及胶质沥青质含量较高的高黏重质原油（稠油），例如辽河油田的高升原油、胜利油田的单家寺原油等。轻质原油在我国原油产量中只占很小的份额，我国大部分原油为含蜡原油和稠油。

在一定条件下原油失去流动性的最高温度称为凝点。它是衡量原油流动性的一个重要指标，在我国和俄罗斯应用较普遍。国外通用的类似指标是倾点，它是一定条件下原油保持流动性的最高温度。

含蜡原油流动性的特点是凝点高，在远高于凝点的温度下，原油为牛顿流体，黏度一般不高；但当油温降至原油凝点以上 5～15℃时，含蜡原油将转变为非牛顿流体，黏度随温度降低而增长的速率加快；再继续降温，原油将凝结，失去流动性。重质原油流动性的特点是在较高温度下也具有相当高的黏度，对于含蜡量不高的重质原油，其凝点较低。上述关于原油种类的划分是粗略的，某些原油很可能同时具有含蜡原油和重质原油的特征。

升高温度可以改善易凝高黏原油的流动性，因此传统上常采用加热的方法输送这类原油。这种方法虽行之有效，但也存在若干弊端：第一，能耗大，我国东北地区的 φ720mm 管道在接近满负荷运行时，年平均每千公里用于加热的燃料油消耗接近输油量的 0.4%，每吨公里总能耗约为 410KJ。在低于设计输量的工况下运行时油耗更大；管径越小，相对油耗越大。美国相近规模的轻质原油等温输送管道每千公里的总能耗约为所输原油的 0.4%，每吨公里的总能耗约为 161KJ。第二，就某一具体管道而言，允许的输量变动范围窄，难以适应投产初期和末期的低输量。加热输送管道随输量减小，沿线温降增大。为了使下一个加热站进站油温不低于某一数值，保证管道安全运行，有一个最低输量的限制。根据我国加热输送管道的运行实践，允许的最低输量一般为额定输量的 50% ~ 60%。当输量降低至允许的最低输量以下时，需要增加加热设备，或采取正、返输交替运行，能源浪费巨大。第三，热油管道一旦停输后，为防止原油在管内凝结，必须在短时间内再启动。正常运行的进站油温越低，允许停输的时间越短。第四，设置加热站增加了管道建设的投资和运行管理的难度及费用。

多年来，人们一直针对易凝高黏原油研究安全、节能的输送工艺，并且取得了不少进展。

二、含蜡原油添加降凝剂输送

(一) 原理

在较低温度下含蜡原油流动性差，是因为其中的蜡结晶析出，并相互联结形成海绵状的蜡晶结构。因此，改善蜡晶结构就可以改善含蜡原油的低温流动性。

降凝剂是高分子聚合物，其分子由极性部分和非极性部分的烷基链组成。可以用作含蜡原油降凝剂的化学剂有多种，但目前大多数降凝剂都是以乙烯 - 醋酸乙烯酯共聚物为主复配而成的。一般认为，降凝剂是通过共晶和吸附作用，改变蜡晶的形态和结构，从而改善原油流动性 (即降凝和降黏)。共晶是指降凝剂分子中的烷基链与原油中的蜡分子共同结晶，吸附则是降凝剂分子吸附在已析出蜡晶的表面。

(二) 降凝剂改性效果的影响因素

1. 原油及降凝剂的组成

原油的含蜡量及蜡分子的碳数分布、胶质沥青质的含量及化学组成对降凝剂改性效果有重要的影响。含蜡量越高，要取得相同降凝降黏效果就越困难。原油中的高碳数蜡对降凝剂处理的感受性和处理效果稳定性都有相当不利的影响，胶质的化学组成对降凝剂的感受性有很大影响，例如大庆原油中的胶质含有不利于降凝剂发挥作用的组分，故其改性难度较大。降凝剂与原油间存在"配伍"规律，对于每一种原油都有特定的最适用的降凝剂配方。

2. 工艺条件

(1) 降凝剂添加量

对一定的原油，有降凝剂的最优添加量，超过这一添加量后原油改性效果并不会有大的提高。目前我国大部分加剂输送管道的降凝剂添加量为50克降凝剂/吨原油。

(2) 加剂处理温度

添加降凝剂处理时，原油必须加热到某一较高的温度，使大部分蜡晶溶解。我国目前主要加剂输送管道的处理温度为55～70℃。

(3) 剪切作用

在原油析蜡高峰区的温度范围内，过泵剪切其至管流剪切都可能影响加剂处理对蜡晶形态和结构的改善效果 (一般不破坏降凝剂的分子结构)，从而对加剂原油的低温流动性产生不利影响。具体影响程度与原油的组成、剪切的温度及强度以及时间等因素有关。对于长距离常温输送管道，剪切的累计影响不可忽视。

(4) 重复升温

由于加剂改性效果等的限制，某些情况下原油在输送过程中需重新加热。若重复升温至首次处理的温度，一般可以获得相同的处理效果。否则，若加热温度低于首次处理温度，改性效果会恶化。

三、主要的重质原油降黏减阻输送工艺

由于常规石油资源的减少，高黏重质原油 (稠油) 从很久之前就引起国

际石油界的关注。输送重质原油的主要困难来自它的高黏度，例如，胜利油田单家寺原油在50℃的黏度接近10000mPa·s（比大庆原油高近500倍），80℃的黏度仍高达750mmPa·s。为了降低重质原油输送的燃料和动力消耗，相关学者曾研究过一系列降黏减阻输送工艺。

（一）重质原油的稀释输送

重质原油的稀释输送的作用原理是在重质原油中掺入低黏油品。这是传统的重质原油输送方法，因其工艺简单，效果可靠（降黏效果在管输过程中较稳定），在国内外得到广泛应用。用作稀释剂的低黏油可以是轻质原油、原油的馏分油或天然气凝析液。

稀释降黏的幅度与低黏油品的掺入量、重质原油和低黏油品的黏度有关。重质原油黏度越高，低黏油品的黏度越小，降黏效果越好。一般地，除非稀释油掺入量较大，否则重质原油稀释后仍需加热输送，只是加热温度可以大大降低。

如果重质原油油田附近有低黏油油田，采用这种方法是很方便的，但如果掺入原油的馏分油，则须进行经济核算。从销售和炼制的角度看，把轻质油掺入重质原油中将造成轻质油"贬值"。此外，含蜡量很少的重质原油可用于生产优质道路沥青，创造更高的产值，但是，如果为了降黏掺入了大量含蜡原油，将严重影响沥青产品的质量。

（二）重质原油的乳化降黏输送

乳化降黏输送是使原油以很小的液滴（几微米至几十微米）分散于表向活性剂水溶液中，形成油为分散相、水为连续相的水包油乳状液，从而大大降低输送时的摩阻。用于输送的乳状液的油水比一般为7∶3左右。乳状液或直接用作燃料，或输送到终点后再破乳脱水进行销售。这项技术的关键是制备出稳定性好，能够经受管输过程中各种剪切和热力作用而不被破坏的乳状液。若在管道终点要将油水分离，则还要求设置便于破乳的配套技术。

与加热输送相比，乳化输送可节省加热的燃料和动力消耗，但要增加乳状液制备（包括乳化剂）、取水、输水、水处理的费用，不过所增费用的主要部分受输送距离影响较小，因此，当输送距离较长时，乳化输送在经济上将是合理的。

四、易凝高黏原油的其他特殊输送工艺

(一)含蜡原油的热处理输送

含蜡原油的热处理是将原油加热至某一温度(通常远高于加热输送时原油的加热温度),使原油中的蜡晶完全溶解。在原油降温过程中,通过控制降温速率和剪切条件,可改变蜡晶的形态和结构,从而改善原油的流动性。这是一种物理改性的方法。

由于取得良好改性效果所需的热处理温度较添加降凝剂所需的处理温度高,其改性效果及稳定性也不如添加降凝剂处理好,故近年来这种工艺已很少单独使用。但是,如果结合油用原油的脱水升温,或者通过适当调整加热输送的加热温度便可取得良好热处理效果时,这种工艺仍有一定的应用价值。

(二)高含蜡原油的水悬浮输送

水悬浮输送是将高凝点的原油分散于常温的水中,形成凝油粒的水悬浮液、大大降低输送的摩阻。这项技术的关键是悬浮液的稳定性,水温相对于原油凝点越低,悬浮液越稳定;输送时离心泵的剧烈剪切不利于悬浮液的稳定;流速过低也会导致悬浮液分层。

(三)重质原油的低黏液环输送

在管壁附近形成稳定的液环,把重质原油与管壁隔开,从而起到减阻作用。液环的液体一般是聚合物水溶液,具有黏弹性。室内试验表明,水量占管输量的8%~12%时较好(88%~92%为原油),其输送摩阻约为同等输量输水时的1.5倍,减阻效果很好。其技术关键是如何保证液环的稳定性,在水中加入聚合物就是出于这一考虑。显然,油、水的密度越接近,液环越容易稳定。长距离输送过泵时如何不破坏液环是一个难题。因此,这一技术主要适用于输送距离不长的重质原油。

(四) 气饱和输送

气饱和输送是油田在较高压力下进行油气分离，使一部分天然气溶解于原油中，从而降低原油黏度，减小管输摩阻。这种工艺在俄罗斯研究和应用较多，用下高黏原油较为有效，因为溶进少量天然气，就可使高黏原油的黏度显著下降。输送时输油管道、设备的工作压力不能小于油气分离压力，否则天然气会从原油中逸出。

(五) 改质输送

通过脱蜡、脱沥青、热裂解、分子筛裂解、加氢裂解等方法改变原油的化学成分及结构，可以改善其流动性，从而有利于管道输送。上述有些方法（如裂解）在技术上是成熟的，经济上是否合理是决定其能否应用的重要因素。

五、高输量管道的紊流减阻

输油管道内油品的流动大多处于紊流流态。紊流流场中的漩涡消耗了大量能量，因此紊流的摩阻压降大于层流。例如，层流时管道沿程摩阻压降与流量成正比，在紊流光滑区则与流量的 1.75 次方成正比。使用聚合物减阻剂可以抑制紊流的漩涡，从而减小管道输送的能量消耗。

参考文献

[1] 窦立荣.跨国油气勘探理论与实践 [M].北京：科学出版社，2023.

[2] 高岗.油气勘探地质工程与评价 [M].北京：石油工业出版社，2022.

[3] 孙冬胜，郭元岭，洪太元，等.油气勘探突破典型案例分析与启示 [M].武汉：中国地质大学出版社，2022.

[4] 马永生.中国海相油气勘探 [M].2 版.北京：地质出版社，2022.

[5] 庞雄奇.油气田勘探·富媒体 [M].3 版北京：石油工业出版社，2020.

[6] 付锁堂.低渗透油气田勘探与开发 [M].北京：石油工业出版社，2020.

[7] 尚养兵，王海华，吴辉.油气田开发与地质技术研究 [M].北京：文化发展出版社，2019.

[8] 薛永超，王建国，周晓峰.油气田开发地质学·富媒体 (第2版) [M].北京：石油工业出版社，2021.

[9] 刘吉余，赵荣.油气田开发地质基础·富媒体 [M].5 版北京：石油工业出版社，2020.

[10] 王和琴.油气田开发安全能力提升指南 [M].北京：中国石化出版社，2022.

[11] 刘冰玫，马小飞，王波.油气田开发与运输加工技术 [M].汕头：汕头大学出版社，2021.

[12] 李庆杰，郝成名.油气储运安全和管理 [M].北京：中国石化出版社，2021.

[13] 郭东升.油气储运与安全工程管理 [M].长春：吉林出版集团股份有限公司，2020.

[14] 何利民，高祁.油气储运工程施工·富媒体 [M].北京：石油工业

出版社，2021.

[15] 黄斌维，刘忠运.油气储运施工技术 [M].北京：石油工业出版社，2022.

[16] 徐晓刚.油气储运设施腐蚀与防护技术 [M].北京：化学工业出版社，2013.